aboüt 关于 ⓛ

小红书

Breathing Blue

海的引力

悠长的 海岸之旅

小红书 编

中信出版集团｜北京

主　　编	邓　超
总 监 制	卢梦超
执行主编	杨　慧
编　　辑	徐晨阳 / 周　依 / 相　楠
地图编辑	程　远 / 彭　聪
平面设计	黄文诗 / 黄梦真
封面设计	李熠阳
多媒体设计	董照展 / 余　果 / 付　蔚 / 朱雨婷 / 陈云帆 / 廖春楠
以下朋友对此书亦有贡献	陈　晗 / 陈如玥 / 谭　洋 / 刘江珊 / 何雪琪 / 马欣秋月 / 李鑫雨 / 奉路遥 / 黄　淑 / 洪雪梅 / 张汉宗 / 张毅珊 / 张聪如

Contents
目录

Section 1　海的引力
文明伴海而生　　　　　　　　　　7
全球特色海岸旅行路线　　　　　　19

Section 2　中国海岸线之旅

海南环岛线
热带岛屿的双面印记　　　　　　　46
岛屿原住民，隐于林海之间　　　　63
还能这样玩？　　　　　　　　　　72

广西北部湾线
神奇生物在哪里　　　　　　　　　74
奇特生境的原住民与新来客　　　　87
还能这样玩？　　　　　　　　　　92

粤港澳海湾线
江海之间的多重变奏　　　　　　　94
潮汕：山海尽头的江湖　　　　　　113
还能这样玩？　　　　　　　　　　122

福建跳岛线
海岛、海神与远洋帆影　　　　　　124
在潮间带里打捞福州　　　　　　　139
寻找渔女　　　　　　　　　　　　146
还能这样玩？　　　　　　　　　　152

浙江山海线
群岛之间，名山傍海　　　　　　　154
山海佛国：浙东行记　　　　　　　167
还能这样玩？　　　　　　　　　　174

辽鲁津冀渤海线
广袤北方的呼吸之地　　　　　　　176
黄河口观鸟记　　　　　　　　　　189
还能这样玩？　　　　　　　　　　198

去海边，吃海鲜！　　　　　　　　202

Section 3　我与海的故事
去海边的理由……　　　　　　　　211
书影音里的海洋时间　　　　　　　218

Section 4　来自海边的明信片

在岸边凝望海面时，总有种说不清的情绪在心底涌动。浪头拍打礁石，波纹无限延伸，这种既规律又充满力量的景象，让我想起哲学家康德所说的崇高（sublime）——若某件事物在"形式美感"带来的愉悦与和谐之外，叠加了更为主观层面的深刻体验，那么便可用崇高来描述它。

在陆地文明视角下，海洋恰好诠释了康德笔下的两种崇高：数学的崇高（mathematical sublime）与力学的崇高（dynamic sublime）。前者源于人类意识中海洋的绝对巨大与无法衡量；后者源于人类对海洋力量的恐惧，以及自身在对抗自然伟力过程中迸发的超越性。

作为人类社会中的普通一员，我们从海洋中获得的这些复杂感受，究竟可以为日常生活带来什么呢？我想，也许是好奇心、勇气和简约。

深蓝世界的未知，始终激发着人类的好奇心。仰望星空，人类已经能观测百亿光年外的宇宙，海面之下、海沟深处却还有无数新物种未被发现；人工智能技术飞速迭代，但我们对深海热泉生态仍知之甚少。这种差距恰是海洋的启示，与其将生活中的未知与不确定视为威胁，不如带着好奇心去主动探索，在平凡的日复一日中发现不凡。

与海洋的对话，也教会我们重新理解勇气。16 世纪的航海家穿越风暴，今天的冲浪者与浪共舞，这些跨越时空的画面揭示着同样的道理——乘风破浪不等于无视恐惧，而是带着敬畏与智慧寻找平衡。就像水手借助星辰而非对抗洋流来导航，我们面对生活浪潮时，也不妨尝试将冲动转化为持续向前的耐心。这种经过思考的勇气，正是摆脱焦虑与异化感的关键。

海边散步时，我偶尔会停下来观察退潮后的沙滩，海浪留下的纹路简约又有力量，就像海洋本身——单细胞生物支撑着整个食物链，珊瑚礁以基础结构孕育出繁荣的生境，丰盛正是源于简约。现代社会中，也许当物质的虚荣如潮水退去，个体才能获得深层的自由、宁静与丰盈。

从古至今，人们总希望在海陆边界找到启发，从石器时代拾贝的先民，到如今沙滩上冥想的年轻人，从思考生息到思索生命。悠长的海岸浪声隐隐，海风终会带来答案。

主编 邓超
Editor-in-Chief
CHAOS

Section 1
海的引力

文明伴海而生

作者／温骏轩

地缘研究专家、作家，著有《谁在世界中心》《地缘看世界——欧亚腹地的政治博弈》《地图里的人类史》等

站在 21 世纪回望，你会发现人类文明的每一次重大进步都与海洋息息相关。蔚蓝的海水不仅孕育了最初的生命，更见证了人类从蒙昧走向文明的壮阔历程。

当腓尼基商人的桨帆船频繁穿梭于地中海沿岸时，由腓尼基字母演化出来的各种文字，便成了大多数文明的记忆符号；当阿拉伯商人的三角帆掠过印度洋季风，将中国商品带向旧大陆的另一端时，瓷器的流光与丝绸的柔波，便成了欧洲人开启大航海时代的动力；当西班牙大帆船刺破海雾，让东、西半球的物种来了场大交换时，整个地球的生态系统都因此重构。

海洋从来不是文明的边界，而是文明的纽带，是科技的催化剂，更是梦想的投射。在这片覆盖地球表面约 71% 的浩瀚水域中，蕴藏着人类文明最深刻的记忆与最宏大的想象。当我们翻开人类文明的长卷，每一页都浸润着海水的味道，每一次潮起潮落都在诉说着人类与海洋的不解之缘。

A 贸易与海洋文明

"如果你要造一艘船，先不要雇人去收集木头，也不要给人分配任务，而是要先去激发起人们对海洋的渴望。"

尽管海洋是连通世界的纽带，但对于很多民族来说，却是阻隔他们与外部交流的屏障。到底怎么定位，只在于有没有足够的渴望，去克服对海洋的恐惧。单纯的对未知世界的好奇，并不足以生成一个民族对海洋的渴望。古希腊剧作家米南德认为"对财富的欲望是唯一不会衰老的欲望"，这句话道出了人类愿意出海的根本原因——获取财富。

比如，对于以农耕立国的古代中国来说，当时人们其实是没有足够强烈的动机去探索海洋的，脚下这片土地已经能够出产所有他们需要的物产。至于海洋，那只是用来隔绝外部世界的结界和宣扬国威的通道。于是，在古代中国人的世界观中，他们把自己生活的土地想象成一片漂浮在海中的大陆，"四海之内"成为世界的另一个代名词。既然对海洋没有强烈渴望，那么中国文明也就无从发展海洋文明了。

对于古代人类来说，通过海洋获取财富的基本方式无非三种。一是直接索取海洋资源。比如生活在南太平洋岛屿上的波利尼西亚人，作为优秀的海上民族，海洋就是他们的家。二是做海盗。来自北欧的维京海盗，应该是人类历史上最著名的海盗。然而这两种做法，都只能形成独特的海洋文化，不足以帮助形成真正的海洋文明，唯有第三种方式，即海洋贸易，才能解锁升级文明的密码。之所以这么说，是因为从贸易中获利最具有可持续性，也最能让文明具象化。

19世纪中期，英国制造的名为邓肯·邓巴（Duncan Dunbar）的快船，用于在拉丁美洲的探索和贸易活动

19世纪末，南海岛民劳工乘坐一艘大型三桅帆船抵达澳大利亚昆士兰州班达伯格

文化需要载体，那些跨海而来的商品不光能让贸易者有利可图，更能让使用者真实触摸到世界的另一边——那里还有一群跟你完全不一样的人类存在。与此同时，那些能够主导海洋贸易的民族，不仅能够最方便地从各个文明中吸收最先进的成果，更能据此打造出一种有别于农耕文明，一切都基于海洋贸易规则的新文明形态。

由此，海洋文明便诞生了。

爱琴海，海洋文明的摇篮

在所有试图依靠贸易成就文明的古老民族中，古希腊人是最为成功的，以至于日后欧洲人一边进行文艺复兴运动、一边开启大航海时代时，他们发现自己在全球海洋所做的一切，2 000多年前的古希腊人早已经做过一遍了。由此，古希腊文明也成了西方文明的源头。而古希腊文明的摇篮，则是浪漫的爱琴海。

纵观整个地球表面，实在是没有比这片海更适合发展海洋文明的了。人类对海洋的畏惧感，很大程度上源于其变幻莫测的气候。而爱琴海作为地中海的一部分，被温暖而又平和的地中海气候覆盖。除了冬天会有一些风暴影响，全年大部分时候都是适合出海的好时节。地理位置更是加分项——爱琴海的西侧是隶属欧洲的希腊半岛、东侧是归属亚洲的小亚细亚半岛；向北穿越两个半岛之间的土耳其海峡，就可以进入黑海连接东欧地区；向南则与同处东地中海的新月沃地、埃及是近邻。鉴于埃及、新月沃地、黑海北岸都是最早进入农耕文明的地区，你可以想象爱琴海单凭成为东西方文明贸易枢纽这一点，就能为古希腊人带来多少收益。

17世纪的波多兰海图，描绘了东地中海、爱琴海和马尔马拉海

在希腊克里特岛克诺索斯宫殿发现的米诺斯文明壁画《斗牛士》，可追溯到前1600年至前1450年

对于文明初兴时期的人类来说，南北长约600公里、东西宽约300公里的爱琴海，面积也是刚刚好。根据《伯罗奔尼撒战争史》记载的数据推算，古希腊时期的商船航速大多在3~6节（约5.56~11.11公里/时）。一艘从希腊起航的商船，三天左右就可以抵达小亚细亚了。反观一艘18世纪的横帆船，需要大约40天才能穿越浩瀚的大西洋。

如果你觉得航程无聊，没关系，造物主贴心地在整个爱琴海中布置了大大小小约2500个岛屿。这些岛屿不仅会让整个航程安全感和新鲜感倍增，还可以成为殖民贸易据点，甚至发展出城邦。

于是，凭借这得天独厚的地理优势，早在约4000年前，作为古希腊文明初始阶段的"米诺斯文明"（约前1900—前1450年），就已经在爱琴海南端的克里特岛开始发育。不过，如果陆地的物产足够丰富，即便拥有优越的航海条件，生活在那里的人们依旧可能欠缺冒险精神。毕竟海洋再安全，也比不上脚踏实地的感觉。就这一点来说，与克里特岛隔海相望的古埃及文明（约前3200—前332年），可以作为对照组。

单从种地的角度来说，没有比古埃及人更幸福的了。身处撒哈拉沙漠之中，古埃及人从来不缺作物生长所需要的积温。而定期泛滥的尼罗河水，不仅会在汛期自然浸润尼罗河两岸的土地，还会在水退之后，把上游带来的肥沃土壤留下。于是，古埃及人只需要每年在汛期之后前去播种，然后在下一次汛期之前完成收割就行了。至于尼罗河泛滥的时候，则可以去专注发展那些彰显古埃及辉煌的文化事业，例如修金字塔。

正因为环境过于舒适，很早就开始用尼罗河沟通上、下埃及地区的古埃及人，虽然发明了很多类型的船，包括西方帆船的鼻祖方帆船，却并不热衷于航海。只要手握地中海地区最大的粮仓，自然有人愿意来和他们进行贸易。这一点跟中国文明有点像，虽然都是海上贸易的重要一环，但更多满足于做一个商品提供者，而不是海洋贸易的组织者。

相比之下，爱琴海地区的农业情况就不那么乐观了。首先，爱琴海地区的半岛、岛屿本质上都是延伸入海的山地，缺乏大河与大型冲积平原。于是，古希腊人虽然属于一个整体，却被分割在一个个狭小的沿海河谷中，并因此形成了一个个独立的古希腊城邦。如果想把这些伴海而生的城邦连接起来，海路无疑是最主要的通道。其次，地中海气候虽然舒适，在助力农业上却有很大的缺陷——无法雨热同期。夏秋温度较高，正是播种作物的好季节，雨水却较少；冬天温度较低，但又集中了全年大部分的降水。由此带来的问题是，古希腊人固然能够依托山地种植橄榄树、葡萄等经济作物，却没有足够的耕地做到主粮自给。

用橄榄油、葡萄酒等土特产去埃及、黑海等地交换粮食，便成了古希腊人进行远洋贸易的最初动机。随着时间的推移，当海上交易的商品不再局限于刚需品时，古希腊人意识到通过贸易和信息差赚取利润到底有多便捷。

中国人常说"仓廪实而知礼节，衣食足而知荣辱"，想发展文明，经济基础是最重要的。正是凭借海上贸易带来的财富，古希腊孕育出了独特的哲学、法律、政治、宗教等思想或制度，并最终让整个西方文明都带着深厚的海洋气息。

既然文明的基础是经济，就免不了因为利益而引起的争斗了。事实上，很多文明因子和进步，都是伴随着战争而产生的。在事关生死的问题上，人类的进化效率总是会出奇地高。

古希腊最为人所知的战争，当属迈锡尼文明（前1600—前1100年）时期的特洛伊战争了。这一阶段，古希腊文明的中心已经向北转移至希腊半岛。在《荷马史诗》的描述下，斯巴达国王墨涅拉奥斯为了夺回被特洛伊王子诱惑走的王后海伦，联合希腊半岛各城邦，对身处小亚细亚半岛的特洛伊展开了一场长达十年的围攻战。

绘制于19世纪的《特洛伊木马》插画

特洛伊战争虽然很可能在历史上真实发生过，但古希腊人愿意帮斯巴达国王漂洋过海去打仗的动机，却并不是他的爱情，更不是土耳其的浪漫（小亚细亚半岛如今归属土耳其）。真正能够让古希腊人团结在一起的原因，是特洛伊城位于土耳其海峡东南端，这个位置使之可以扼守住黑海连接爱琴海的咽喉。除非希腊半岛这一侧的城邦愿意一直被特洛伊掣肘，否则就算没有那个"代表男人尊严"的理由，也注定会有一场战争。

整件事情中唯一不确定的，是特洛伊城在战前到底算古希腊城邦的一分子，还是由小亚细亚民族独立发展起来的。不过这点在后来已经不重要了，在特洛伊战争之后，整个爱琴海地区都被纳入了古希腊文明的范围，共同信仰着古希腊神话中的众神。

罗马的地中海

打败了特洛伊,并不代表爱琴海就会迎来和平。时间推进到古典时期(约前5世纪—前4世纪),强大的波斯帝国取代特洛伊,代表亚洲力量向爱琴海发起了新的挑战。团结在一起的古希腊城邦,先是依托自己的海上优势赶走了波斯人,后又分裂为雅典和斯巴达两大阵营,展开了长达数十年的伯罗奔尼撒战争。然而,让古希腊人没有想到的是,位于意大利半岛的古罗马人已经悄然崛起,并且很快将把整个地中海作为古罗马帝国的内海。

如果说古希腊文明是"爱琴海文明",那么古罗马文明就是"地中海文明"。古罗马人崛起之时,古希腊人已经成功殖民了意大利半岛南部以及西西里岛沿岸。鉴于古希腊文明的先进性,以及与海洋的强关联,古罗马人在很多问题上显然没有必要再重新造轮子。

意大利南部海岸的地中海风格别墅

于是你会看到,众神之王宙斯被古罗马人称为朱庇特;智慧和战争女神雅典娜成了古罗马神话中的弥涅耳瓦。柏拉图、苏格拉底、亚里士多德这"古希腊三贤"的遗产,对古罗马的哲学、政治、法律形成产生了深远影响。虽然古希腊学者或许会为自己对古罗马人的影响而感到骄傲,但君主肯定不会甘心接受古罗马的统治。虽然古罗马人在崛起的过程中与古希腊人发生过不少战争,但真正能够在地中海对古罗马人构成威胁的,却是另一个海上贸易民族——腓尼基人。

腓尼基人生活在狭窄的黎巴嫩地区,背山面海的他们同样是优秀的海洋贸易者。身处诞生了苏美尔、巴比伦等文明的新月沃地,是腓尼基人有信心争夺欧亚海上枢纽的根源。他们给这个世界留下的最大遗产,是由22个字母组成的腓尼基字母。这些表音符号可以用来拼写和记录任何一种陌生语言,对于一直在与不同民族打交道的贸易者来说,实在是太方便了。以至于包括希腊字母、拉丁字母在内的绝大部分字母文字,都可以被视为腓尼基字母的变体。

腓尼基字母表

aleph	beth	gimmel	daleth	he	waw	zayin	heth
teth	yodh	kaph	lamedh	mem	nun	samekh	'ayin
pe	tsadi	qoph	res	sin	taw		

基于体量和位置的考量，腓尼基人在爱琴海、黑海的贸易竞争中，很难压倒古希腊人。于是腓尼基人将目光投向了西地中海，并最终在西北非的突尼斯地区，建成了著名的殖民地——迦太基。这个腓尼基殖民地在西地中海是如此成功，以至于声名盖过母邦，成为更强势的政治体。

但在迦太基崛起之时，同样面朝西地中海的罗马也正在崛起。当古罗马人不满足于只在意大利半岛称雄时，双方的冲突便在所难免了。从前264年到前146年，罗马一共与迦太基打了三场"布匿战争"（古罗马人将迦太基人称为布匿），并最终将迦太基从地球上抹掉了。据说，为了不让迦太基再有复活的可能性，迦太基城周边的田野都被撒上了盐。

接下来对希腊、埃及、西亚的征服，让罗马最终在恺撒（前100—前44年）的继承人屋大维主政之后，正式升级为以地中海为内海的罗马帝国（公元前27—公元476年），并由此取代希腊成为海洋文明的代言人。学会利用海洋的罗马迅速发展，海运成本较之陆运很低，罗马城的公民可以用很少的钱吃上埃及的面包、喝到希腊的葡萄酒。即便是普通罗马士兵，也消费得起从印度洋运输而来的香料。

然而，随着罗马向欧洲大陆腹地扩张，一切都改变了。到了罗马五贤帝时代（96—180年）最后一位皇帝——马可·奥勒留执政时期（161—180年），物流费用已经成为财政收入的重要来源之一。以至于到了286年，不得不分成东、西罗马来降低管理难度。从这个角度来看，与其说负责在西欧大陆经略的西罗马帝国（286—476年）是被日耳曼人灭亡的，倒不如说是其太过于迷信罗马军团的战斗力，而忘记了海洋才是帝国赖以生存的基石。

最终，在整个西地中海都被日耳曼蛮族控制之后，东罗马帝国只能在君士坦丁堡延续它的荣耀。值得一提的是，位于博斯普鲁斯海峡西侧的君士坦丁堡前身是古希腊贸易城市拜占庭，它取代的正是特洛伊所代表的"生态位"。当年在经历了波斯帝国入侵后，古希腊人认为还是把这个连接黑海与地中海的枢纽点，放在自己一侧会更加安全。

于是，爱琴海这个西方海洋文明的摇篮再次敞开胸怀，庇护了"中年危机"的古罗马文明。凭借希腊化和对海洋的再次拥抱，被后世称为拜占庭帝国的东罗马帝国又延续了1 000年，直至1453年君士坦丁堡被奥斯曼帝国攻陷。

始建于公元前7世纪的古罗马遗址提帕萨，其中不乏腓尼基、罗马、早期基督教和拜占庭人的遗址

大航海时代

君士坦丁堡的陷落意味着古罗马文明的真正终结，却并不意味着西方海洋文明的终结。这一次，接力棒无缝对接到了那些在大西洋拥有海岸线的欧洲国家手中。

1418年，葡萄牙王子恩里克派出了一支船队，沿非洲西海岸向南探索。事实上，当年腓尼基人、古希腊人乃至和欧洲争夺过地中海控制权的阿拉伯人都曾实践过这一战略。然而，2 000年来所有的海上探险家，都没能够绕过非洲西北海岸的博哈多尔角。因为一旦过了这个海角，海岸线就将被由北向南延绵约2 000公里的撒哈拉沙漠覆盖，无处停靠。

你能想象，那些来自地中海的水手看到这一望无际的荒凉海岸，内心会有多么绝望吗？以至于博哈多尔角以南的海洋，被水手们描述为"被魔鬼控制的水域"。恩里克王子之所以愿意去冒险，一则是因为他已经从被俘的穆斯林商人那里知道，那些销往欧洲的黑奴和黄金，都出自撒哈拉以南；二则由于东西方商路一直被控制了中西亚的穆斯林商人垄断，欧洲想获得东方商品的成本变得越来越高。

除了利益，还有更直接的原因——作为葡萄牙唯一的邻国，西班牙完全封堵住了葡萄牙与其他欧洲国家的陆地联系通道。而葡萄牙所拥有的大西洋海岸线，是其避免被西班牙吞并的唯一机会。1436年，恩里克王子派出的探险者，终于完成对撒哈拉海岸的完整探索，登陆绿色的西非海岸。这意味着，即便17年后君士坦丁堡的陷落被整个西方视为文明的倒退，当年从爱琴海燃起的海洋文明火种，也已在大西洋沿岸蔓延燃烧。

1488年，当葡萄牙探险家迪亚士发现好望角时，不仅葡萄牙人意识到自己终于打通了通往印度洋的新航线，整个欧洲也很快明晰：属于他们的大航海时代来临了。

非洲西南端的好望角

最开始行动的是西班牙。作为一个在地中海和大西洋都拥有海岸线，并且一直希望吞并葡萄牙的欧洲大国，西班牙当然不可能坐视葡萄牙人独占大航海时代的红利。1492年，西班牙女王伊莎贝拉一世决定投资哥伦布的探险活动。后者相信地球是圆的，只要能够一直向西横渡大西洋，就能拥有另一条通往中国和印度的新航线。对财富的渴望和对地球的认知，让哥伦布最终在启航后的第77天，发现了一片欧洲人从未踏足过的陆地。

尽管哥伦布至死都认为那些位于加勒比海上的岛屿和相邻的大陆属于印度，但客观来说，发现一片新大陆的意义，要远大于开辟一条连通旧大陆的新航线。

值得一提的是，哥伦布并不是西班牙人，而是热那亚人。在西欧因日耳曼人的入侵而陷入黑暗的中世纪，意大利半岛上的威尼斯、热那亚、比萨等依托地中海贸易立国的城邦，不仅帮助西欧延续了海洋基因，更在不经意间从拜占庭和东方带回了关于古希腊、古罗马文明的记忆。

描绘哥伦布出海前夜的画作，由约翰·克拉克·里德帕特画于1893年

这些一度在西欧中断的文明记忆，在意大利乃至整个欧洲掀起了一场冲破黑暗中世纪枷锁的文艺复兴运动，触发了宗教改革、启蒙运动、科学革命、工业革命等一系列帮助西方文明升级的变革。正是在这些变革的合力作用下，欧洲人所开启的这个大航海时代，不再仅限于在更广阔的海洋追逐贸易利益，而变成了一场针对世界其他地区的文明覆盖。

新大陆的海洋文化

欧洲人相信，他们带往新大陆的文明和信仰才是最先进的，但他们在每个地区所面对的统治难度却不尽相同。

具体来说，新大陆的改变要远甚于旧大陆。尽管通过印太航线前往亚洲进行贸易的葡萄牙以及追随而去的荷兰、英国等国，都因远洋贸易获得了丰厚的利益，但这一地区原本就已经孕育出古老的文明如中国、印度、波斯等。这些文明通过对季风规律的掌握，早已开启了被中国人称为"海上丝绸之路"的贸易往来。这使得欧洲人虽然一度在政治上殖民了亚洲大部分地区、控制了这些地区的海岸线，甚至强行输出自己的价值观，但无论是最早拥抱西方的日本、曾经完全被英国殖民的印度，还是中国，都依然保存和发展了自己文明中原有的那部分海洋文化。

相比之下，新大陆更像是一张没有渲染过的白纸，可以任由西方人用他们的海洋文明去加以描绘。所谓新大陆，不仅包括哥伦布发现的美洲，也包括英国库克船长于18世纪70年代首次代表欧洲人登陆的大洋洲大陆，以及夏威夷等太平洋岛屿。在被欧洲人"发现"之前，位于旧大陆的诸文明对它们的存在一无所知。

中美洲新大陆的古城风光，由德西雷·沙尔奈绘制

如果仅就大陆的情况来看，与旧大陆文明隔绝的新大陆几乎都没有发展出属于自己的海洋文化。在大洋洲大陆，原住民是旧石器时代就迁徙过来的人类，一直到被欧洲人发现时，他们都还保持着原始的状态；在美洲大陆，新石器时代从亚洲迁徙而来的印第安人虽然发展出了独特的文明，但这些文明都不带有海洋文化成分。

在美洲三大文明中，阿兹特克文明生成于墨西哥高原；玛雅文明分布于中美洲的热带雨林中；而文明程度最高的印加文明，更是一个矗立于安第斯山脉之上的文明。如果你试图去美洲或者澳大利亚的海岸线探索海洋文化遗产，会发现它们全都是殖民时代的产物，甚至都没有亚洲那种东西方文化交融形成的文化景观。这也是为什么拉美著名左翼作家加莱亚诺的老师会在潜意识里认为，是他的祖先跨海而来开发了这片土地。

生活在加勒比海岛屿上的原住民，原本可以成为美洲难得一见的海洋文化样本。为了从美洲大陆迁徙到岛屿上，被欧洲殖民者统称为"泰诺人"的加勒比海岛民成了出色的独木舟制造者和驾乘者。比起其他原始民族所使用的独木舟，泰诺人所驾乘的独木舟体量更让人印象深刻，最大的甚至能够乘载150人。虽然生活在岛屿上并拥有一定的海洋技术，但泰诺人的生活主要还是以农业种植为主，并没有发展出发达的海洋文明。

泰诺人也是哥伦布最早遇到的新大陆居民。在哥伦布的描述下，这些原住民非常善良好客（泰诺的意思便是"好人"）。然而，面对这些善良好客的原住民，殖民者并没有手下留情，伴随奴役、屠杀，以及旧大陆传染病的传播，人口曾经高达数百万的泰诺人，只用了几十年便在文化上灭绝了。

当然，如果不把"新大陆"的范围局限于美洲，今天的旅行者们还是可以在北起夏威夷、南至新西兰、东至复活节岛的众多太平洋岛屿上，发现令人印象深刻的海洋文化遗产。创造这笔独特遗产的，就是前面提到的以强壮和热情奔放

17

闻名的波利尼西亚人。大多数人类学家认为，波利尼西亚人最初生活在中国的东南沿海地区，然后一步步向整个太平洋腹地扩散。

无论波利尼西亚人最初来自哪里，他们的航海技术都足够让人惊叹。波利尼西亚人会将两条独木舟用椰子纤维绳连接成双体船，并用露兜树的叶子编织帆。这种长约6米的双体船，可搭载数十名定居者以及他们的牲畜，甚至能够种植农作物。

然而最初，即便看到波利尼西亚人如此惊人的创造力，欧洲人仍一时难以相信他们是在有目的地航海。波利尼西亚人在太平洋上的扩散，一度被认为只是在漫无目的地漂流，哪怕他们从新西兰到复活节岛的航程，已经相当于绕地球1/4圈。实际上，依托世代相传的经验，波利尼西亚人非常善于通过观察海洋颜色的变化、海鸟的飞行路径，以及日月星辰的位置来导航。在数千年时间里，波利尼西亚人不仅到访过亚洲、大洋洲及美洲大陆，新西兰的一项研究甚至表明，早在7世纪，波利尼西亚航海者就已经发现了南极洲。

与泰诺人相比，波利尼西亚人的幸运在于，他们所生活的岛屿离大陆实在太远了。这不仅避免了波利尼西亚人过早被"发现"，还让他们更幸运地错过了全球化时代最野蛮的阶段。只不过无论是已经消失的泰诺人，还是当下被保护起来的波利尼西亚文化，都在用其经历告诉世人，文明固然可以伴海而生，但人类透过海洋所传播的却并不仅仅是文明。

波利尼西亚舞者在林中草地上起舞

全球特色海岸旅行路线

北大西洋：乘坐游轮穿越峡湾
West Norwegian Fjords

波罗的海：跨越三国沿海徒步
Baltic Coastal Hiking

地中海：蔚蓝海岸艺术之旅
Côte d'Azur

濑户内海：岛波海道骑行
Shimanami Kaido

北太平洋：大瑟尔海岸公路自驾
Big Sur Coast Highway

加勒比海：巴哈马群岛潜水
The Bahamas

东印度洋：珀斯的水上运动
Perth Sunset Coast

撰文 / 周依、杨慧、ZONG   编辑 / 杨慧

北太平洋：大瑟尔海岸公路自驾 Big Sur Coast Highway

美国·加利福尼亚州

夕阳下的大瑟尔海岸公路　　Alex Treadway

北太平洋：大瑟尔海岸公路自驾 Big Sur Coast Highway

菲佛海滩的海蚀洞
📷 Don Smith

说起海岸旅行，美国西海岸是不容错过的经典目的地之一。沿着1 056公里长的加利福尼亚州1号公路（California State Route 1）自驾，可以感受西太平洋沿岸广袤的自然风貌和城市风情，其中最精华的路段，莫过于以荒野景色著称的大瑟尔海岸公路（Big Sur Coast Highway）。

大瑟尔海岸公路长度约145公里，北起卡梅尔小镇，南至圣西蒙附近，沿途禁止设立广告牌和夸张的交通指示牌。从北向南行驶，可以贴近临海的车道，西侧是太平洋的惊涛拍岸，东侧是圣卢西亚山脉的巍峨屏障，海蚀和风化作用不断切割山体，形成了崎岖海岸和高耸断崖，海岸线垂直落差可达千米，山麓上，红杉林与迷雾交织，构成了一派经典的荒野美学景象。

在沿途经过的自然景观中，有几处具有大瑟尔特色的标志性看点。首先便是全球唯一的紫色沙滩菲佛海滩，它的颜色成因相当独特——周围岩层中的锰石榴子石（Manganese Garnet）受到侵蚀后，颗粒被水流带到沙滩，又在水流和风的作用下逐渐沉积，与普通沙粒混合，最终形成了暗紫色。此外，这里还有一处著名的"钥匙孔"海蚀洞，落日时会有光束穿过洞口，是摄影爱好者钟情的拍摄地。

麦克维瀑布
📷 Cavan

沿途另一处标志性景观，是高度约25米的麦克维瀑布。它是加利福尼亚州仅有的两座潮汐瀑布之一，潮退时，瀑布冲击在沙滩上，人们可以近距离感受其磅礴气势（甚至可以进入瀑布后面的岩洞

22

美国·加利福尼亚州

中，体验"水帘洞"的感觉）；涨潮时，潮水会淹没沙滩，瀑布直接砸入海面，适合站在山崖上远距离欣赏。

除了自然景观，公路沿途的历史建筑也有不少看点。例如1932年开通的混凝土拱桥——比克斯比溪大桥（Bixby Creek Bridge），它横跨深谷，桥身与悬崖呈锐利的几何对比，云雾缭绕时宛如横亘在空中的栈道。圣西蒙山上的赫氏古堡则以奢华建筑风格和艺术收藏见长，它由20世纪的报业大亨威廉·赫斯特[1]发起建造，建筑师朱莉娅·摩根[2]负责设计，营建时间从1919年一直持续到1947年。这座占地约1 000平方千米的庄园城堡以"地中海复兴风格"为核心，融合了西班牙、意大利、哥特与摩尔式建筑特色，称得上欧洲建筑艺术在美国的浓缩。对收藏极为狂热的威廉·赫斯特，也将他在世界各地搜罗的超过2万件艺术品陈列在古堡内，其规模与质量堪比顶级美术馆。如今，赫氏古堡已经成为美国国家历史地标，并面对公众开放。

比克斯比溪大桥
📷 Lauren MacNeish

赫氏古堡
📷 MShields

大瑟尔的人文故事与它的景观一样充满张力。20世纪初，这里曾是淘金者与伐木工人的暂居地；到了60年代，它成为"垮掉的一代"的灵感源泉——杰克·凯鲁亚克[3]在此写下《大瑟尔》，用文字记录下这片土地的桀骜与自由。亨利·米勒[4]晚年也定居在大瑟尔的僻静海边，他形容这里是"地球的尽头，海洋的开始"。如今，大瑟尔依旧吸引着来自全球各地追求极致野性的旅行者，以及渴望寻找心灵宁静的避世者。

1　威廉·赫斯特
　William Hearst（1863—1951年）
　美国报业大亨，创立了美国最大的报业连锁和媒体公司赫斯特报业公司（现为赫斯特国际集团）。

2　朱莉娅·摩根
　Julia Morgan（1872—1951年）
　美国著名建筑师，出生于旧金山，一生为加利福尼亚州设计了700多座建筑，首位获得美国建筑师协会（AIA）金奖的女性。

3　杰克·凯鲁亚克
　Jack Kerouac（1922—1969年）
　美国"垮掉的一代"代表作家，著有《在路上》《达摩流浪者》等。

4　亨利·米勒
　Henry Miller（1891—1980年）
　美国作家，著有《北回归线》《南回归线》等。他生前位于大瑟尔的住宅现已成为亨利·米勒纪念图书馆，全年面向公众开放。

亨利·米勒纪念图书馆
📷 David Litschel

沿途推荐目的地（沿大瑟尔海岸公路从北至南）

- 瑟尔角州立历史公园（Point Sur State Historic Park）
- 安德鲁·莫勒拉州立公园（Andrew Molera State Park）
- 菲佛海滩（Pfeiffer Beach）
- 霍索恩画廊（Hawthorne Gallery）
- 亨利·米勒纪念图书馆（Henry Miller Memorial Library）
- 麦克维瀑布（McWay Falls）
- 石灰窑州立公园（Limekiln State Park）
- 南部红杉植物区（Southern Redwood Botanical Area）
- 海象观景台（Elephant Seal Vista Point）
- 赫氏古堡（Hearst Castle）

口袋攻略

● 自驾时，建议从北至南行驶（靠海一侧车道），秋季（9月—11月）是最佳季节，雾气较少且气温宜人。
● 大瑟尔海岸公路全程几乎无加油站，注意提前补给。
● 沿途分布着众多露营地，可以自带装备搭建；也可以选择入住条件更好的精致营地，例如大瑟尔小木屋营地（Big Sur Campground & Cabins）。

波罗的海：跨越三国沿海徒步　Baltic Coastal Hiking

立陶宛—拉脱维亚—爱沙尼亚

波罗的海徒步小路沿途的标识牌　Michele Ursi

波罗的海：跨越三国沿海徒步 Baltic Coastal Hiking

在全球海岸线旅行体验中，有一条著名的传奇徒步路线——E9，它的全称是"大西洋、北海和波罗的海之路"，路程长达9 890公里，途经欧洲11个国家，从葡萄牙的圣文森特角一直延伸到爱沙尼亚的首都塔林。对于大多数人来说，这条路线的挑战难度实在太大，其中有一条相对冷门的路段，便是位于路程末段的波罗的海徒步小路（Baltic Coastal Hiking）。

尽管名为"小路"[1]，这条路线全程长度仍然达到了1 419公里。它从立陶宛边境的尼达村出发，穿越拉脱维亚，最终抵达爱沙尼亚的塔林港，几乎贯穿了波罗的海三国的完整海岸线。如果按照每天20公里的行程计算，走完整段路线大约需要70天（对于普通徒步爱好者来说，可以选择其中较短的路段进行一日游或两日游）。虽然全程较长，但沿途的海拔起伏极为平缓，最高点[2]仅约70米，路面状况极为丰富多样，柏油路、碎石路、土路、木栈道、沙滩、鹅卵石滩和岩石海滩等多种地形穿插交错，既适合新手，又不会让人感到枯燥。此外值得一提的是，这条路线的基础设施相当成熟，沿途的树木、石头等自然物体上设有蓝白相间的标记，在城市和村庄的路标、电线杆及桥梁护栏上也贴有路线专属的贴纸和参考路标，还贴心地将路线划分为若干段20~25公里长的单日徒步行程，方便人们规划安排。

波罗的海徒步小路串联起多个国家公园与世界遗产地，具有顶级的自然与人文价值。沿途会穿越三个国家公园：立陶宛的库尔斯沙嘴国家公园拥有风力作用形成的壮观沙层和沙丘（最高可达数十米），狭长的沙地延伸到水中，将库尔斯潟湖和波罗的海隔开，形成一侧湖水一侧海水的奇妙景象；拉脱维亚的斯利特雷国家公园则是灰海豹和鸟类的家园，被誉为该国最佳观鸟点；而在爱沙尼亚，这条路线会途经马特萨卢国家公园，它拥有北欧最大面积的湿地，是欧洲重要的候鸟中转站，同时还自然栖息着世界最大的鹿科动物——驼鹿。

立陶宛库尔斯沙嘴国家公园
GUIZIOU Franck

拉脱维亚斯利特雷国家公园的标志性景观：科尔卡角
Dirk Renckhoff

爱沙尼亚马特萨卢国家公园的驼鹿
Ragnis Pärnmets

1　这条路线的立陶宛名称"Sea Trail"、爱沙尼亚名称"Ranniku Matkarada"，都有海边小径、小路之意。

2　路线海拔最高点是爱沙尼亚的帕克里灯塔（Pakri Lighthouse），塔尖海拔高度约为70米。

◉ 立陶宛—拉脱维亚—爱沙尼亚

1　汉萨同盟
又名德意志商业同盟，12—17世纪，德意志北部沿海地区为保护贸易利益而结成的商业同盟。现今的德国国家航空公司汉莎航空（Lufthansa）即是以汉萨同盟命名的。

在人文景观方面，这条路线串联了波罗的海三国最具代表性的三座历史古城，是寻访中世纪遗迹的好地方。建于12世纪的克莱佩达老城区是立陶宛在波罗的海唯一的海港，它在历史上很长一段时间属于东普鲁士，建筑景观与德国、英国和丹麦的风格类似。拉脱维亚首都里加的老城区是公认的欧洲最精美的"新艺术"风格建筑集中地，1997年被列入联合国《世界遗产名录》，游览时可以留意尖顶建筑的屋顶，通常都有一枚金属的风信鸡雕塑，它既能为进港船只辨别风向，也是当地人心中吉祥的象征。而在这场漫长旅途的终点，就是爱沙尼亚首都塔林的老城区，它完全保留了中世纪和汉萨同盟[1]时期以来的城市结构，大部分建筑物建于13—16世纪，同样在1997年被列入联合国《世界遗产名录》。

拉脱维亚里加老城区
📷 M Ramírez

爱沙尼亚塔林老城区
📷 Ross Helen

沿途推荐目的地（沿波罗的海徒步小路从南至北）

立陶宛：
◉ 库尔斯沙嘴国家公园（Curonian Spit National Park）
◉ 涅曼河三角洲地区公园（Nemunas Delta Regional Park）
◉ 克莱佩达海滩（Klaipeda Beach）
◉ 帕兰加海滩（Palanga Beach）
◉ 克莱佩达老城区（Klaipeda Old Town）

拉脱维亚：
◉ 帕佩自然公园（Pape Nature Park）
◉ 斯利特雷国家公园（Slītere National Park）
◉ 科尔卡角（Cape Kolka）
◉ 凯梅里国家公园（Ķemeri National Park）
◉ 尤尔马拉（Jurmala）
◉ 里加老城区（Riga Old Town）

爱沙尼亚：
◉ 马特萨卢国家公园（Matsalu National Park）
◉ 派尔努海滩（Parnu Beach）
◉ 帕克里海岸悬崖（Pakri）
◉ 塔林老城区（Tallinn Old Town）

口袋攻略

途经各国路程长度与建议耗时：
● 立陶宛：216公里，10~12天
● 拉脱维亚：581公里，30天
● 爱沙尼亚：622公里，30天

北大西洋：乘坐游轮穿越峡湾 West Norwegian Fjords

挪威·南默勒地区

盖朗厄尔峡湾　GFC

北大西洋：乘坐游轮穿越峡湾 West Norwegian Fjords

七姐妹瀑布与悬崖上的村落
Oleksandr Kotenko

在全球九大地貌中，峡湾是中国唯一没有的地貌。而位于北大西洋东部的挪威海岸，则是全球峡湾地貌最典型的代表地区。在冰期，挪威所在的斯堪的纳维亚半岛被厚厚的冰川覆盖，在重力作用下，这些冰川沿着斯堪的纳维亚山脉陡峭的西麓缓慢向海洋移动，并一路刨蚀原本的山体，塑造出大量U形山谷，待海水漫入山谷后，峡湾便形成了。挪威经历过多次冰川周期，因为长期的地质作用，这里不仅峡湾数量众多，而且形态丰富，是全球颇具代表性的峡湾地貌群。

西挪威峡湾群（West Norwegian Fjords）从挪威南部的斯塔万格一直延伸到东北部的安达尔斯内斯，绵延500多公里。在这片峡湾群中，盖朗厄尔峡湾（Geiranger Fjord）和纳柔依峡湾（Naeroy Fjord）凭借其典型性在2005年被一同列入联合国《世界遗产名录》。

盖朗厄尔峡湾位于南默勒地区，长度达15公里，是世界上最长的峡湾之一。这条峡湾以瀑布众多而闻名，其中最壮观的要数"七姐妹瀑布"，7条垂直落差达800米的水流从山间并肩倾泻而下，和悬崖上的村落小屋形成鲜明的视觉对比；"新娘面纱瀑布"水量较小却别有韵味，如一缕轻纱从岩缝中飘落。乘坐游轮是在这里旅行的最佳方式，游客可以从奥勒松市中心的港口直接坐船进入盖朗厄尔峡湾，也可以从奥斯陆、特隆赫姆和卑尔根等地乘坐巴士抵达当地后，登船开启峡湾巡游。在游轮上，人们可以近距离欣赏这几座瀑布，感受穿梭在峡谷间的独特体验，也可以沿途寻找海豹、海鸟等当地野生动物。

挪威·南默勒地区

除了乘船游览，人们也可以选择在峡湾两侧的山间公路自驾，体验有 11 处回转弯道的"老鹰之路"，还可以在达尔斯尼巴（Dalsnibba）、福里达尔斯尤威（Flydalsjuvet）等观景台附近休息，俯瞰峡湾全景。

挪威西海岸虽属高纬度地区，但受北大西洋暖流眷顾，夏季凉爽，冬季温和。每年 6 月到 8 月是这里的热门旅行季，充足的降水为瀑布带来丰沛的水量，让其呈现出最佳观赏状态。

曲折蜿蜒的"老鹰之路"
📷 Santi Rodriguez

盖朗厄尔峡湾山间的小木屋
📷 Hartmut Pöstges

沿途推荐目的地

- 七姐妹瀑布（The Seven Sisters）
- 新娘面纱瀑布（Bridal Veil Falls）
- 老鹰之路（Eagle Road）
- 古德布兰德斯潭（Gudbrandsjuvet）

口袋攻略

- 游客可以在奥勒松市中心港口登船开启往返一日游，或是抵达盖朗厄尔港口后，开启 1~1.5 小时的游轮巡游。
- 海上温度较低，建议携带保暖衣物；动物爱好者可以带上望远镜，便于观察探索。

31

濑户内海：岛波海道骑行 Shimanami Kaido

日本·广岛县尾道市—爱媛县今治市

来岛海峡大桥　H.miyata

濑户内海：岛波海道骑行 Shimanami Kaido

在日本的众多海岸旅行目的地中，濑户内海是一个特别的去处。作为日本最大的内海，它被本州、四国、九州三大岛屿包围，三年一度的现代艺术盛事——濑户内国际艺术祭，更吸引着来自全球的艺术爱好者。

横跨濑户内海、连接本州与四国的"岛波海道"，则是备受户外爱好者欢迎的一条"珍藏版"路线。作为一条世界级骑行线路，它全程约70公里，北起本州的广岛县尾道市，南至四国的爱媛县今治市，途经向岛、因岛、生口岛、大三岛、伯方岛、大岛6个岛屿，以及新尾道大桥、因岛大桥、生口桥、多多罗大桥、伯方-大岛大桥、大三岛桥、来岛海峡大桥7座跨海大桥。其中，连接大岛和今治市的来岛海峡大桥是最长的一座桥，由三座连续悬索桥组成，总长达到4 015米，是途中的一处标志性景观。

岛波海道沿途道路平坦畅通，骑行者可以沿着海岸线一路穿行，根据体力和喜好的不同，选择初级、中级或高级三种路线：初级路线从尾道市出发，在向岛环岛后即回到尾道市；中级路线依次穿越向岛、因岛，到达生口岛结束，约30公里，回程可以选择继续骑行或乘坐渡轮；高级路线则是骑完全程（通常耗时1~2日），到达今治港后乘坐渡轮回程。

值得一提的是，这条路线上设有骑行专属的蓝色地面引导线，沿途也有完备的骑行服务设施，包括分布在全线各地的自行车租赁点和供骑行者休息、补给的"骑行绿洲"。中途如果遇到突发状况，也可以在贴有"单车救援"标识的地方寻求帮助。

如果选择走走停停的玩法，沿途也有不少值得一去的景点，包括因岛的水军城历史遗迹、生口岛的柠檬园以及伯方岛的盐田等。在途中最大的岛屿大三岛上，有一座供奉水手和武士之神的大山祇神社，里面收藏了大量武士刀剑和盔甲，是了解武士文化的好去处。而在大岛南端的龟老山展望公园，人们可以在山顶眺望来岛海峡大桥。路线终点处的今治市是爱媛县第二大城市，四国地区的八十八寺院巡礼中，有六处圣地都位于这里，当地的鲷鱼和竹荚鱼料理很值得一试。

多多罗大桥下的骑行道
Trevor Mogg

专为骑行者设计的里程标识
domonabikeJapan

沿途推荐目的地
- 千光寺
- 高见山（濑户内海国立公园）
- 因岛大桥纪念公园
- 耕三寺
- 大山祇神社
- 龟老山展望公园

口袋攻略
- 岛波海道沿途共设有10余个租车点（多设在码头），可租借普通代步自行车、山地自行车、越野自行车等。
- 沿途设有上百处"骑行绿洲"，为骑行者提供饮用水、卫生间和休整点。

日本·广岛县尾道市—爱媛县今治市

岛波海道沿途设置的骑行地图
📷 Robert Gilhooly

盛产柠檬的生口岛街景
📷 Shawn.ccf

35

地中海：蔚蓝海岸艺术之旅　Côte d'Azur

法国·普罗旺斯－阿尔卑斯－蔚蓝海岸大区

芒通市　📷 Raga Jose Fuste

地中海：蔚蓝海岸艺术之旅 Côte d'Azur

如果要评选世界上最慵懒惬意的夏日海岸，位于法国南部的蔚蓝海岸（Côte d'Azur）一定榜上有名。每年夏季，来自欧洲乃至全球的游客纷纷前往当地，享受这片地中海沿岸的避暑胜地。

蔚蓝海岸又叫作"法国里维埃拉"（Riviera），属于法国东南沿海普罗旺斯—阿尔卑斯—蔚蓝海岸大区，是瓦尔省省会土伦与阿尔卑斯省芒通之间相连的大片滨海地区。"蔚蓝海岸"这一名称最初来自1888年斯蒂芬·利埃雅尔发表的同名小说。这里的海岸风景也不负其名——作为世界上最大的陆间海之一，地中海的海水盐度[1]高达39‰，湛蓝的波涛因高盐度而显得格外深邃。

气候上，地中海沿岸的夏季炎热干燥，海水温度宜人，尤为适合浮潜与日光浴；冬季温和多雨，偶有风暴掠过海面，为橄榄树林与葡萄园带去甘霖。宜人的气候与明丽的风景吸引了众多名人在此居住，更激发了毕加索、马蒂斯、夏加尔等著名艺术家的灵感。如今在蔚蓝海岸地区，能见到收藏有大量名家之作的博物馆。

如果想感受这里的艺术氛围，不妨从尼斯出发，沿海岸线一路南下，按照一条包含6座博物馆的"名家巡礼"路线游览。在起点尼斯，人们可以在国立马克·夏加尔博物馆欣赏夏加尔带着童真与想象力的超现实主义作品，然后步行前往约1.5公里外、藏有200余件马蒂斯不同时期作品的马蒂斯博物馆。继续沿着海岸线南下，来到14公里外的卡涅，在被橄榄树环绕的科莱特庄园中，坐落着由雷诺阿故居改造而成的博物馆，从那里可以看到一直延伸到昂蒂布海岸的壮丽风景。继续向南，在12公里外的比奥，国立费尔南德·莱热博物馆收藏了近500件作品，涵盖了画家莱热的整个职业生涯。

在紧邻比奥的昂蒂布地区，毕加索博物馆是海边一处特别的地标。这座建筑始建于古希腊时期，17世纪曾作为格里马尔迪王朝的城堡。1946年，当时处于热恋中的毕加索在此短暂居住，创作出一系列充满激情的作品：《静物》《半人马》《人身羊足的法乌努斯》……20年后，这里被

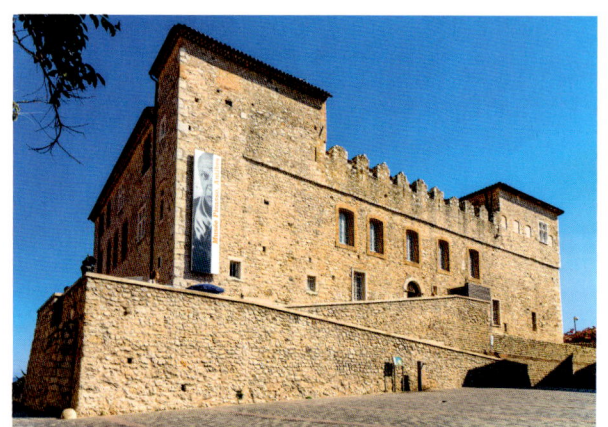

1　海水盐度
全球海水平均盐度为35‰。由于光线的作用，通常海水的盐度越高，看起来就会越蓝。

地中海的湛蓝海水
📷 Maxime Genay

国立马克·夏加尔博物馆
📷 Ivan Vdovin

毕加索博物馆
📷 BE&WON99

38

法国·普罗旺斯—阿尔卑斯—蔚蓝海岸大区

国立费尔南德·莱热博物馆
adam eastland

改造为世界上第一个毕加索专属博物馆，现有藏品共计 200 余件。从毕加索博物馆向西 12 公里，在戛纳北侧的勒卡内坐落着博纳尔博物馆，该馆由博纳尔和妻子在 20 世纪 20 年代居住的别墅改造而成。

除了博物馆，蔚蓝海岸一年四季还会举办各种文化艺术活动，例如每年 2 月到 3 月的"水果嘉年华"——芒通柠檬节，以及 5 月中旬的戛纳电影节，热闹的节庆场面在这片地区永不落幕。游客还可以在昂蒂布亿万富翁海湾享受海滨漫步的乐趣，或在戛纳棕榈滩的精品店购买一份纪念品，为这场艺术之旅画下句点。

沿途推荐目的地

- 尼斯老城（Vieille Ville）
- 尼斯英国人散步道（Promenade des Anglais）
- 萨莱亚林荫道（Cours Saleya）
- 滨海卡涅（Cagnes-sur-Mer）
- 昂蒂布亿万富翁海湾（Bay of Antibes Billionaires）
- 戛纳棕榈滩（Pointe Croisette）

特别推荐博物馆

尼斯
- 国立马克·夏加尔博物馆（Musée national Marc Chagall）
- 马蒂斯博物馆（Musée Matisse）

卡涅
- 雷诺阿博物馆（Musée Renoir）

比奥
- 国立费尔南德·莱热博物馆（Musée national Fernand Léger）

昂蒂布
- 毕加索博物馆（Musée Picasso）

勒卡内
- 博纳尔博物馆（Musée Bonnard）

加勒比海：巴哈马群岛潜水 The Bahamas

老虎海滩附近的"鲨鱼潜水" 📷 Nicolas Voisin

巴哈马群岛

作为全球海岛度假胜地，加勒比海地区一直以温和的气候和优良的海水条件著称，丰富的海洋生物和特殊的海床构造也吸引了全球的潜水爱好者造访，其中尤以巴哈马群岛独具代表性。巴哈马群岛由 700 多个海岛和 2 400 多个岛礁组成，全年晴天超过 300 天，夏季平均水温可达 31℃，冬季平均水温也能保持在 24~27℃，除了夏秋季偶有飓风过境，几乎全年都可体验潜水的乐趣。

巴哈马群岛中的 700 多个海岛，几乎都有不错的浮潜点，如果想集中观察珊瑚礁，可以选择距离首都拿骚 56 公里的埃克苏马群岛（Exuma Cays），这里位于埃克苏马陆海公园（Exuma Cays Land and Sea Park）的核心地带，拥有壮观的珊瑚壁和繁茂的珊瑚礁生态系统，是巴哈马的最佳浮潜区域之一。而位于长岛（Long Island）的迪安蓝洞，总深度达 202 米，是目前发现的世界第二深的蓝洞，且能见度可达水下 30 米，非常适合自由潜水爱好者来体验。

在自然景色之外，传奇的历史更为这些岛屿赋予了一层神秘色彩——1492 年，哥伦布正是从巴哈马的圣萨尔瓦多岛登陆，就此发现了"新大陆"。在接下来的几个世纪里，巴哈马群岛成了海盗们寻找和藏匿宝藏的地方。如今在潜水时，人们也不妨带着寻宝的心情，去探索这片水域的自然宝藏——岩石、珊瑚礁和颜色艳丽的热带鱼类，如果运气好，还能看见鲨鱼。

埃克苏马群岛的雷霆洞
（Thunderball Cave）浮潜
📷 Cedric Angeles

"鲨鱼潜水"是巴哈马的特色潜水体验之一，潜水者可能在水下偶遇加勒比礁鲨（*Carcharhinus perezii*）、虎鲨（*Heterodontus*）和远洋白鳍鲨（*Carcharhinus longimanus*）等多种鲨鱼。每年 10 月至次年 5 月是鲨鱼潜水的最佳时间，其中，从 10 月到次年 1 月，大巴哈马岛北部的老虎海滩附近经常有虎鲨出没；从 12 月至次年 3 月，则能够在巴哈马最西部的比米尼岛找到锤头双髻鲨（*Sphyrna zygaena*）。此外，人们还能在这片海域看到座头鲸、领航鲸、抹香鲸、真海豚等海洋哺乳动物。

除了潜入水下，巴哈马的海滩风光也别具特色。哈勃岛（Harbour Island）拥有一处长约 4.8 公里的粉红沙滩，其形成原因和一种带有红色外壳的古老微生物——有孔虫（*Foraminiferida*）有关，这些微生物从礁石脱落后与白沙混合，使得这片沙滩呈现出柔和的粉红色。此外，埃克苏马群岛中一座小岛上，还生活着一群喜欢游泳的小猪，人们将它们经常出没的沙滩命名为"猪沙滩"，游客可以和它们近距离互动。

沿途推荐目的地

- 粉红沙滩（Pink Sands Beach）
- 迪安蓝洞（Dean's Blue Hole）
- 老虎海滩（Tiger Beach）
- 比米尼岛（Bimini Island）
- 猪沙滩（Pig Beach）

口袋攻略

- 从巴哈马首都拿骚或美国迈阿密乘坐飞机抵达北伊柳塞拉机场（North Eleuthera Airport），然后乘坐向游人出租的船只"海上出租车"，行驶约 1.6 公里就能到达哈勃岛，随后可步行至粉红沙滩。
- 在拿骚码头可以乘船前往埃克苏马群岛进行潜水体验，不少船只还提供船宿服务。

东印度洋：珀斯的水上运动 Perth Sunset Coast

黄昏时分的珀斯"日落海岸" Sally Robertson

澳大利亚·珀斯

1　罗特内斯特岛
西澳大利亚的标志性动物短尾矮袋鼠（俗称"Quokka"）正是生活在这座岛上，它们很喜欢与人类互动。非参赛者可乘渡轮到达。

短尾矮袋鼠
📷 Michael Willis

2011年罗特内斯特海峡游泳赛现场
📷 ZUMA

特里格海滩
📷 Gordon Scammell

提到澳大利亚旅行，人们往往先想到东岸的"黄金海岸"或是大堡礁，而位于澳大利亚西岸的城市珀斯也是一处颇受欢迎的海岸度假地，它拥有温和舒适的天气与完备的户外配套设施，是城市生活与自然结合的典范。游泳、冲浪、桨板等水上运动是当地人生活方式的重要组成部分，也是珀斯海岸的活力源泉。

珀斯最为知名的自然景点是"日落海岸"（Sunset Coast），覆盖珀斯西北部约50公里的海岸线，包含约20个海滩。其中最知名的要数临近市区的科特斯洛海滩，成荫的诺福克松、柔软的草坪与沙滩、平缓的海浪，让这里成为享受日光浴和欣赏印度洋日落的绝佳地点，海面条件也很适合风筝冲浪和趴板冲浪。此外值得一提的是，每年2月，这里还会举办罗特内斯特海峡游泳赛（Rottnest Channel Swim），它是全球规模最大的公开水域游泳赛事之一，参赛人数峰值在2023年达到2 000余人，参赛者会从科特斯洛海滩出发游至罗特内斯特岛[1]，全程19.7公里。

除了科特斯洛海滩，日落海岸还有一系列形态各异的海滩，适合不同程度的冲浪者：莱顿海滩风浪较小，适合初级冲浪者；斯卡伯勒海滩沙滩宽阔，风浪适中，适合初级至中级冲浪者；特里格海滩的风浪较大，适合中级至高级冲浪者挑战。

如果想要体验更为宁静的海滩氛围，游客还可以前往位于珀斯郊区的秘密港冲浪海滩，这里的游人较少且全年有浪，附近还有一条自行车道与罗金厄姆海滩相连，适合沿海骑行或跑步。

沿途推荐目的地

- 科特斯洛海滩（Cottesloe Beach）
- 罗特内斯特岛（Rottnest Island）
- 莱顿海滩（Leighton Beach）
- 斯卡伯勒海滩（Scarborough Beach）
- 特里格海滩（Trigg Beach）
- 秘密港冲浪海滩（Surf Beach）
- 罗金厄姆海滩（Rockingham Beach）

口袋攻略

- 这些海滩大多有救生员定期巡逻，但仍然建议游泳者在有红、黄色旗帜标记的安全区域游泳。
- 每年12月至次年2月的夏季，是珀斯最适合冲浪的季节。

Section 2

中国海岸线之旅

在中国，说起看海，很多人首先想到的是东南沿海地区的海滩。其实，中国拥有漫长的海岸线，1.8万多公里的大陆海岸线南起广西北仑河口，北至辽宁鸭绿江口，纵跨温带、亚热带和热带三大气候带，如果再加上数千座大小岛屿的海岸线，总长达到了3.2万多公里。从热带珊瑚礁到温带淤泥质滩涂，从古老渔村到现代港口，这条海岸线塑造了丰富多样的海岸景观和地域文化。

中国都有哪些地方适合看海？我们从这条海岸线上选取了6条旅行路线——海南环岛线、广西北部湾线、粤港澳海湾线、福建跳岛线、浙江山海线与辽鲁津冀渤海线，从中可以领略中国海岸线由南至北不同地域的风土人情。

海南至广西北部湾海岸以热带、亚热带生态系统为特色：著名的海南环岛旅游公路连接了充满活力的沙滩与古老的热带雨林；广西北部湾沿岸的红树林保护区和各色"神奇生物"，展现了人类与自然的共存。粤港澳地区融合了古渔村与现代港口，孕育出的潮汕文化至今影响着海内外的"胶己人"。福建海岸线呈现曲折蜿蜒的特征，泉州、漳州等地保留着海洋商贸与地质遗迹的双重印记。

一路北上，浙江至环渤海的北部海岸线包含了密集的群岛与淤泥质滩涂。山海之间的舟山群岛，流传着普陀山与天台山的传说。环渤海区域则以候鸟迁徙驿站和河口沉积景观著称，在陆地与海洋交汇处滋养出别具风味的海上物产。

在本章中，选择一条最合心意的路线，去看海吧。

海南环岛线

热带岛屿的 双面印记

撰文/王海雪　编辑/徐晨阳

漂在南海中央的海南岛，提起它的过往，总离不开"流放之地"的异域印象。可若换个视角遥望，这里分明又有另一番风景——约200万平方公里的蔚蓝疆域里，蜿蜒着1910公里海岸线，既有柔软的细沙与滩涂，也有被海浪雕琢千万年的嶙峋海崖。此外，600多座岛礁像撒落的珍珠，近处的陵水分界洲岛、三亚蜈支洲岛和西岛触手可及，远方的西沙群岛则如同海天尽头的秘境。无论是想来一场跳岛之旅，还是乘船感受天地广阔，这片蔚蓝总能给你想要的答案。

万宁日月湾海滩　📷 Joy Zhang

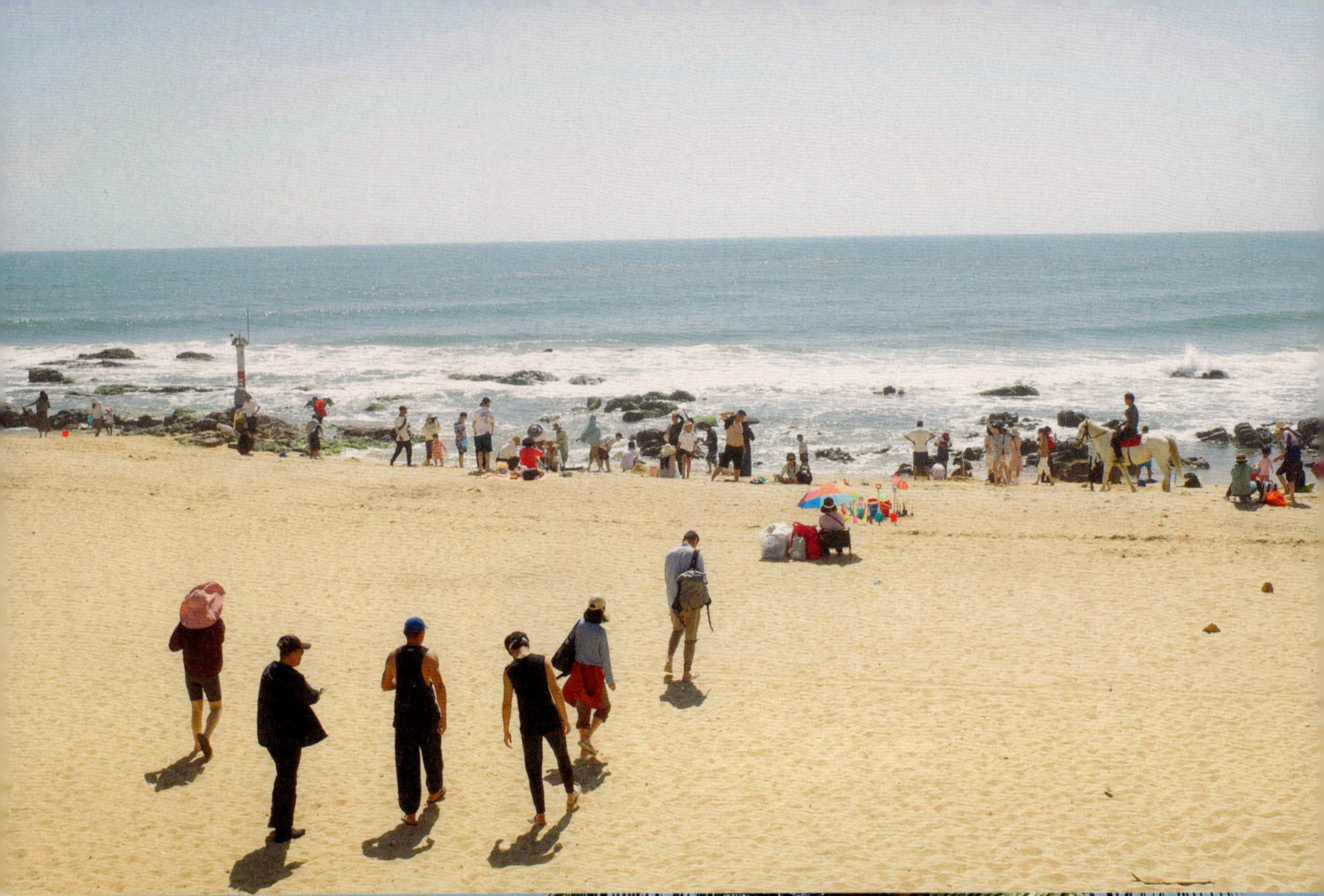

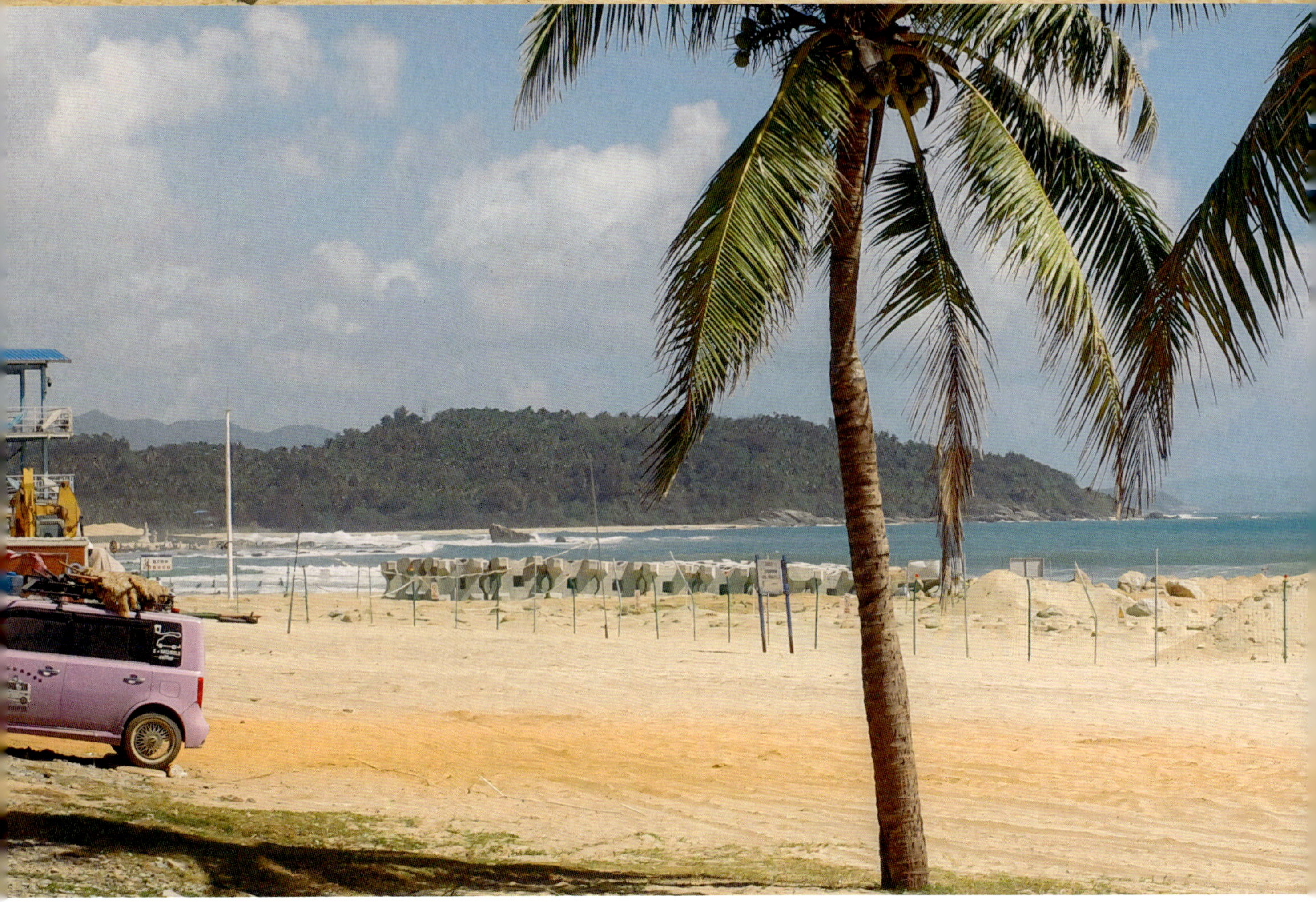

万宁日月湾　📷 Joy Zhang

途经城市

东线
海口市—文昌市—琼海市—万宁市—
陵水黎族自治县—三亚市

西线
乐东黎族自治县—东方市—昌江黎族自治县—
儋州市—临高县—澄迈县

推荐景点

海口市
五公祠、海口骑楼建筑历史文化街区、
中国雷琼世界地质公园海口火山群园区

文昌市
铺前老街、宋氏祖居景区、孔庙、
东郊椰林、中国文昌航天发射场

琼海市
蔡家宅、中国（海南）南海博物馆

万宁市
日月湾

陵水黎族自治县
分界洲岛、海南疍家博物馆、新村港

三亚市
南山文化旅游区

乐东黎族自治县
海南莺歌海盐场

东方市
鱼鳞洲

昌江黎族自治县
棋子湾、海南霸王岭国家森林公园

儋州市
东坡书院、龙门激浪

推荐时间

9月—次年4月

本书地图统一图例

图　例
- ◎ 省级行政中心
- ◉ 地级行政中心
- • 县级行政中心
- 国界
- 省级界
- 特别行政区界
- 地级界
- 县级界

海口市
临高县
澄迈县
定安县
文昌市
儋州市
屯昌县
琼海市
白沙黎族自治县
琼中黎族苗族自治县
五指山市
乐东黎族自治县
保亭黎族苗族自治县
陵水黎族自治县
万宁市
三亚市

南　海

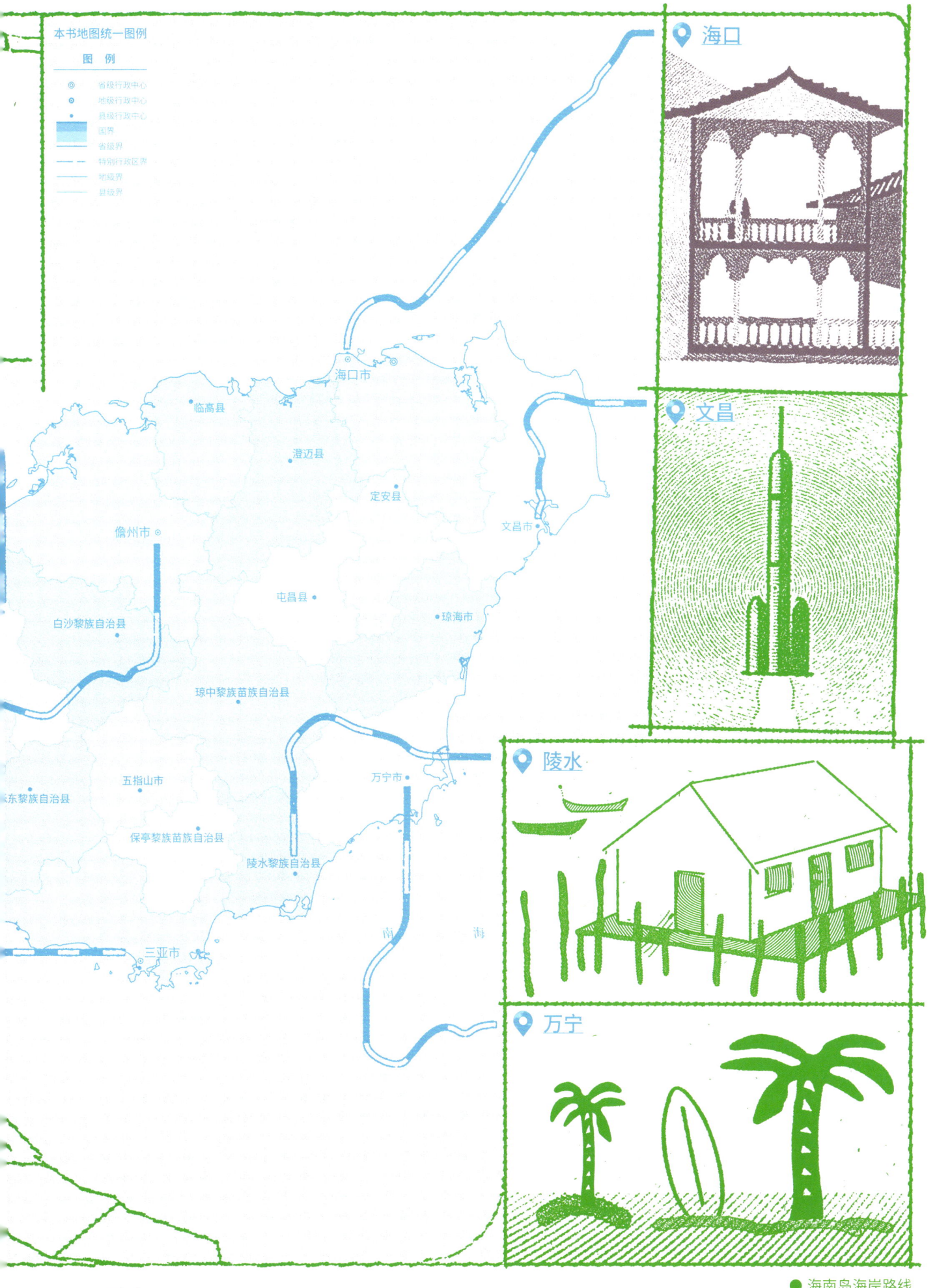

海口

文昌

陵水

万宁

● 海南岛海岸路线

51

王海雪 ○ 作家，已出版中短篇小说集《漂流鱼》《白日月光》等，有作品发表于《十月》《花城》等文学期刊。

天地人才，置之海外

自西汉元封元年（前110年）设珠崖郡开始，海南开始纳入中华版图，却因其区位的遥远与治辖的松散，建制几度兴废。相较于内陆地区，这座海外孤岛因交通不便以及时人对海洋的畏惧，始终游离于文明中心之外。海南岛的原始森林覆盖率曾达90%以上，漫长夏季的燥热、蚊虫传播的疾病，以及多民族混居的生活习惯，都让土从遥远内陆而来的人们难以适应。因此，在很长时间里，海南都是中原政治精英的海上流放之地。但无论是被迫流放还是自愿放逐的中原文士，最终多与这片土地达成和解，他们接纳当地习俗的同时，也意味着文化交流的肇始。

苏东坡就曾在《居儋录》中记录了他在儋州的日常生活，从最初登岛抱着九死一生的决心，到最后融入当地生活的豁达，其间写下不少千古流传的有趣文章。南宋名臣赵鼎、胡铨寓居的三亚水南村如今依旧存在，胡铨手书的"盛德堂"匾额已成为文化一景。海口五公祠内，李德裕、李纲、李光、赵鼎、胡铨五位唐宋孤臣的塑像静立，其中李德裕"独上高楼望帝京，鸟飞犹是半年程"的诗句，至今仍诉说着天涯羁旅之思。晚清道台朱采看到当地百姓逢年过节都自发祭拜这些唐宋名臣，便上书张之洞提出修建五公祠。后来虽历经毁建，终在民国朱为潮手中重生。自此，海口也以"祠"的形式，让这片土地与中原地区有了千丝万缕的联系。

海口五公祠内的东坡祠
📷 森清太郎

回看千年之变，我们会发现时间具有水滴石穿的力量，历史上一个个瞬间都对这座岛屿产生了影响。近代开埠以来，海南凭借通达的海陆区位，通过商贸往来强势崛起，一个不一样的海南岛诞生，人们发现，深受阳光照拂的海洋与海岸是如此迷人。海南是全国管辖陆地面积最小、海域面积最大的省份，约200万平方公里的海域直抵东南亚诸国，北纬20°的丰沛水热，在海南岛（本岛）东岸孕育出椰风海韵，又在西岸保留下原始雨林与民族村寨，椭圆形的岛屿版图上，不论本地人还是异乡客，都能找到自己所钟爱的景观与体验方式。

52

东海岸：从海口到三亚
——穿过旧与新

2015 年，海南环岛铁路全线贯通，从海南岛最北端的海口市到最南端的三亚市，距离大概 300 多公里，乘坐最快的班次只需 1 个多小时。和过去汽运车程近 4 个小时相比，时间缩短了一半，而且体验更加舒适，沿途风光尽览。作为驾驶技术不佳的岛民，我最喜欢以海口为起点，买高铁票，在每一个停靠点下车，然后打车奔赴心仪的目的地。交通便捷顺畅，成本也不高。看着车窗外的景色，道路旁绿色的椰子树笔直成排，太阳半遮半掩在云中，这就是热带的特色，稍不注意，就误以为自己在一个夏天里。

隔着琼州海峡和大陆相望的海口，因为 1858 年签订的《天津条约》成为中国首批通商口岸之一。站在今天的街道上环顾四周，很难想象这里百年前的模样，昔日的滩涂被高楼取代，密布的水道和池塘也早已被填平，只剩下"水巷口""鸭尾溪"这样的老地名，还能让人联想到这里曾经水网纵横的地貌。若论最能勾起人们历史想象的地方，还得数海口老城区的骑楼群，它们是最符合当地气候的商住两用建筑，展示了建造者对当地环境的深刻洞察力。骑楼的窗户最能体现主人的审美，每扇窗的开合都自成风格。我最喜欢的是中山路上的"大亚酒店"，楼高三层，半圆形的大窗可以让站在那里的人尽览街景，也能让今人一窥往昔名流云集的盛况——恍惚能看见百年前西装革履的商人倚着栏杆谈生意，戴斗笠的渔家姑娘挎着竹篮叫卖椰糕。

19 世纪 20 年代初的海口海岸
📷 森清太郎

海口骑楼建筑历史文化街区
📷 Philips Tse

如今，骑楼群已成为海口市的地标性景观——海口骑楼建筑历史文化街区。这一带面积有 8 万平方米，几乎每栋骑楼都串联着口岸百年历史的故事。本地的美食店、杂货店生意热闹，氛围最浓的时候是春节，商铺在石柱之间挂起大红灯笼，楼宇之间也拉起腾空的彩带，宛如一条条彩色的波纹，将路上行人的目光聚拢于此。身处其中，人就像在秋千上被人轻轻推着，风景变得不那么重要，反而有种"人间值得"的感觉在心里荡漾。

骑楼展示的是百年融合的海口，而海口的另一面，是古老而传统的火山文化。万年前火山喷发，炙热的岩浆一路向西而流，所到之处，天地变色，植物被毁，而岩浆冷却下来又化为沃土，孕育出了新的植被，大自然就以这样的形式重塑了岛屿的部分地貌。一些果树从这火山土地里长出，结出当地的水果佳品，比如菠萝蜜、杨桃、荔枝等。火山喷发更在地底留下了青灰火山石，成为后人用来盖房子的材料。于是，青色的瓦屋便在绿林中升起，屋子增多，村落一个接一个。其中，最具传统特色的当数琼北火山岩古村落。位于石山镇的中国雷琼世界地质公园海口火山群园区里，有着全新世[1]休眠火山群和熔岩洞穴，其主峰高达 222.8 米，是海口的至高点，爬上去能俯瞰周边整片郁郁葱葱的地貌。

1　全新世
地球历史上最年轻的地质年代，承接更新世。

54

从海口出发，高铁东线抵达的第一个城市是文昌。这座人口目前 50 多万的小城，和琼海、万宁并称"海南三大侨乡"。清澜港作为文昌最重要的港口之一，不仅是天然良港，可以停靠大型游轮，更承载着厚重的历史记忆。19 世纪中叶后，从清澜港出发的船只带走了一批批"下南洋"的人，他们带回的不仅有财富，还有融合了南洋风情的建筑技艺。这些技艺在铺前老街得以展现。老街未经统一修缮，模样更加原始，楼宇的每一处破损都是对过去的铭刻，更能让人感受当年远赴南洋打拼的人们，是如何将这一砖一瓦从遥远的地方运回又砌建起来，为这迁徙留下深刻的见证。文昌还是中国近代历史的重要见证者，宋氏家族的祖居就坐落于此，宋嘉树正是当年"下南洋"大军中的一员。他从文昌启程，辗转印度尼西亚后远赴美国，开拓了后来的传奇人生，影响了近代中国的时局。如今的宋氏祖居景区内，修复后的传统农家宅院与陈列馆中翔实的史料，完整展现了这一家族的奋斗轨迹。

文昌的城市中心是文城镇，河流穿城而过，岸边护栏的两侧是成排的椰子树。街上的建筑不高，海风吹动硕大的椰子树叶，水里的影子便跟着摇摇晃晃，像台剧《俗女养成记》里的风景。在文昌，无论城市发展还是人们生活的节奏，都很慢。这里的小吃混合了香港、台湾地区和东南亚各国的口味，老爸茶楼里贩卖的咖啡奶是东南亚华侨带来的传统饮品，用炼奶和速溶咖啡粉调制而成，甜中带着植脂末的味道，品的却是不曾消失的历史。文昌还有孔庙，藏在一条很普通的街上，每到期末考试，考生都喜欢来这里上香。喜欢看海的人，则可以去东郊椰林，那里有绵延数公里的洁白沙滩，仅仅光脚踩在上面走，都可以消磨好半天。如今，文昌最吸引全国目光的，是航天事业。位于龙楼镇的中国文昌航天发射场对公众开放，每次火箭发射时，从四面八方前来看火箭升空的人总是将路围堵得水泄不通。这座城市自有一种温润的气质，即使每年多次遭遇台风登陆，也不曾摧毁这种气质。文昌发展至今，人文与科技已经成为它的双重特征，就像一部充满文艺隐喻的科幻大片。

海口老城居民生活
📷 Philips Tse

沿着东线继续往南走，是琼海。它有琼海和博鳌两个高铁站，大部分来琼海的游客一般都选在博鳌站下车。2001年成立的博鳌亚洲论坛，让这个曾经默默无闻的海滨小镇一朝成名。琼海人口目前有50多万，因海而兴，是一座典型的慢城，侨乡文化和文昌一脉相连。建于1934年的蔡家宅，在海风中矗立近百年，它的独特性在于突破了大部分华侨照搬南洋骑楼的风格，融合了印度尼西亚和本土建筑的特点，屋内的地砖花纹也有着很典型的东南亚审美风格。这片建筑群呈"田"字状，形成一个坚固的封闭院落，主要建筑材料是青砖，宅院之间分区合理，其瞭望台可以俯瞰周边的所有环境，过去，宅内人会在台上观察海盗和土匪的动静以提前布防。

东海岸线的每个城市，都具有浓厚的海洋文化特征。与海相伴数千年的居民，在耕地面积紧张的情况下依海而生，开拓海路远渡重洋的同时，也把大海视作了耕地——他们观测天象、预测风向、捕捞海产。在帆船时代，没有导航，更没有先进的航海设备，渔民在海上耕耘凶险异常，不能用陆地经验来替代时，风和更路簿（又称南海航道更路经）往往决定了一切。

中国（海南）南海博物馆坐落于琼海市潭门镇，馆内收藏了琼海渔民捐赠的更路簿，这本薄薄的笔记本中，每个字、每张手绘地图都蕴含着丰富的海域信息。更路簿是历代渔民的家承之物，也是依靠帆船出海的渔民的海上"圣经"，以时间和经验记录了南海辽阔海域上的岛礁、航线、风向和海流信息等。经验丰富的掌舵者根据这本由世代船员不断补充信息的人工航海手册，可以直抵海上的任何一处捕捞点，进行水下作业。遇到风浪时，也能判断附近的哪座岛礁可以避风。可以说，在没有通信设备的年代，一本册子关系一船人的性命。当海洋作为航路或者提供物资的天然场所存在时，渔民与海的关系和旅人与海的关系是不同的。前者了解海洋的方方面面，考虑的是如何避开风险，获得更多的渔获和经济收益；后者从玩乐需求与感官刺激出发，更多考虑如何利用海洋的特性，开发更多的海上运动，获得与陆地游乐不一样的感受。

如今，人类对海洋的了解前所未有地深入，造船业也发展迅速，游艇、快艇、帆船等水上项目层出不穷。游客们可以在疾驰中感受海水浮动的力量，在天地之间体验毫无阻力的空旷，感受海风、咸湿的水汽，以及粉末般的阳光在光洁的脸上流动，慢慢形成一层腥咸的薄膜，那才是属于热带的一张脸。万宁、陵水和三亚是海南海上运动项目开发最成熟的城市，各类水上项目覆盖不同年龄段，无论是平缓还是惊险刺激的体验，在这里都能满足。比如万宁日月湾，冲浪运动、滑翔伞、拖伞、水上摩托艇等项目一应俱全。在海上驰骋时所感受到的速度与激情，与陆地截然不同，在海水浮力的托举下，感官体验被无限放大，刺激异常。值得一提的是，由于历史原因，从印度尼西亚、马来西亚、越南等国归国的华侨，带来了不同的美食文化，使得万宁兴隆华侨农场成为"万国村"，在这里玩海的同时，还可以品尝到非常正宗的东南亚风味美食。

万宁是冲浪运动的胜地　📷 糕风糕风

惬意的日月湾海滩　📷 糕风糕风

Captain Chang

继续往南，抵达陵水，它介于万宁和三亚之间。以分界洲岛的牛岭为界，自陵水起，便真正踏入了热带气息浓郁的地区。去分界洲岛游玩时，建议留足一天的时间，因为岛的面积很大，海上运动项目丰富，同时还有参观海洋馆、海钓等多样体验。作为东线上唯一的黎族自治县，在陵水不仅能"上天入海"，还能体验到传统的黎族风情。这里有全国唯一的海南疍家博物馆，疍家海上渔排以前是海南疍家人生活的民居，由一个个方格连成片，鱼排上是搭建的木屋，鱼排下是养殖海产的网箱，集养殖、捕鱼和居住为一体，叫"浮屋"。现在，它已具有了多重身份，疍家人将"浮屋"改成了民宿、海鲜店等。既能体验疍家人海上生活，又能享受海鲜美食的地方，首推陵水新村港。

岛上最南端的城市是三亚，古称崖州，如今已是大众认知度最高的国内海滩度假地。在唐代，三亚曾是海上丝绸之路的重要停靠点。7世纪左右，来自中东地区的商人陆续沿海而来，在海南岛靠岸，经营陶瓷、香料等生意。在这条"通海夷道"上，也有不少船只因风浪倾覆，沉于海底。其中，一些阿拉伯商人因缘际会留在了岛上，将其宗教信仰在此传承，最具历史与文化意义的是藤桥墓群，为三亚伊斯兰教徒古墓群。三亚另一个重要的遗址——大云寺遗址，与日本律宗始祖鉴真和尚有关。据传鉴真和尚在第五次东渡的时候，因为受东北信风的影响，在海上漂流14个昼夜后到了三亚，振州别驾冯崇债亲自率领部队迎接并护送入城休整。在大云寺，鉴真和尚讲经传艺，滞留一年多后再次启程东渡。1995年开工建设的南山寺便是为纪念鉴真和尚而立，耸立海上的108米高的观音像是南山文化旅游区最重要的景观之一。此外，三亚的亚龙湾、西岛、蜈支洲岛等各具魅力，都是值得一游的热门景点。

骑车穿行在环岛公路
📷 Captain Chang

西海岸：从乐东到澄迈
——在动静之间

海南环岛旅游公路通车后，迅速成为岛内最热门的自驾游线路，贯穿沿海12个市县，将东西海岸的热门景区和风光像串烧歌曲那样串联起来，其中包括高铁途经的乐东、东方、昌江、儋州、临高和澄迈。这些市县属于岛上的西部地区，相较于东部成熟的旅游路线，西部的开发显然慢了些。东部海岸的细腻沙滩与湛蓝大海是外来游客对海南岛最直观的印象，而西部粗犷的海岸和茂盛的森林则呈现出一种原生态、野性十足的气息，那是海南岛宛如变脸般的另一面。

乐东的海南莺歌海盐场曾经是全国四大盐场之一，盐田雪白，阡陌纵横。由于充足的光照条件和沙地土壤，乐东也是海南唯一可以自然种植哈密瓜的区域。东方的鱼鳞洲风景区面向的是尤为汹涌的海浪，就像是海在怒吼，让人望而生畏，但同时也能让人感受到渔民在凶险航行时所体验到的心境。在东部，看海是最平常的，而体验黎族织锦，亲手绣一幅锦绣，才是了解这座海岸民族城市的秘密途径。

位于西部的昌江，亦是如此。时隔千年，旅人们依然能在此看到苏东坡笔下"天容海色本澄清"的海景，也能沿着海岸深入村寨，从传承的手工中看到海，看到森林，看到当地人从来都是和海连在一起的。昌江不缺山，不缺海，也不缺人文胜景。峻灵王的故事滋养着岭下的庙宇，这里香火旺盛，往来游客络绎不绝，给自然昌江添了一抹历史与传说交织的神秘色彩。

凡来到昌江的人，海景是必看的，见了东部的海，再看西部的惊涛拍岸，才会意识到海其实有千万张面孔。昌江棋子湾位于海南岛的最西端，从此片海域出发，便直通越南。棋子湾是昌江最值得一游的海岸，分为大角、中角和小角三段景点。这里的海滩不是细腻柔软的，而是布满了经过海水日夜雕琢后形成的形状各异的巨石。那些曾经遍布海滩的碎石，逐渐被海浪打磨得光滑如棋子，棋子湾由此得名。昌江境内的海南霸王岭国家森林公园是我国保存最完好的热带雨林之一。霸王岭还是黑冠长臂猿种群的最后栖息地，也是世界上唯一以长臂猿为保护对象的保护区，从20世纪70年代开始，当地就一直持续开展对长臂猿的保护工作。

从昌江过去，就进入了海南中部生态核心区。海南海拔最高的山——五指山，高耸其中，可谓"五峰如指翠相连，撑起炎州半壁天"。生态核心区主要由山地和丘陵构成，覆盖着茂密的热带雨林。这里年平均气温比环岛各市县低了几度，沿途虽然难见大海，但来消暑度假的游客很多。无论是夏天还是冬天，生态核心区的绿意始终不减。生态核心区四市县都属于民族自治区域，黎族作为海南最早的世居民族，在这山地之间经过数千年的岁月，因地制宜，逐渐形成了自己的语言、技艺与文化。

北宋时期，苏东坡在儋州居住三载，自此，儋州与苏东坡结下了千年之缘——"问汝平生功业，黄州惠州儋州"。儋州东坡书院内有一方宽阔的池塘，塘里种满了荷花，巨大的绿叶铺在周围，偶尔能看到水波。千年前，苏东坡在这里时并未有如此宽阔的居所，而是居于简陋的房屋中，记录着日常生活以及与当地人的往来。千年后，这片宽阔的地方，装下的应该是他留下的"文气"吧。

儋州的海也比较典型。万年前火山喷发时，岩浆从北向西奔流，与海相遇，留下了滚烫的火红痕迹以及经冷却后慢慢形成的火山巨石。其中，自然的鬼斧神工之作当数峨蔓镇的龙门激浪。海浪与石头之间的角力，既是力与力的较量，也是力与力的合谋，天然的岩洞在日复一日的雕琢中慢慢形成，海浪拍击时发出的巨响，甚至能传出数公里之外。儋州有着众多港口，洋浦港是国家一类开放口岸，在海南自由贸易港政策实施后，进出该港口的外籍邮轮多了起来，洋浦经济开发区也成为海南为数不多的工业区之一。这种组合颇具反差，千年文脉在儋州依旧传承，地质构造塑造的海岸线极具雄浑气势，现代工业又在国家政策的推动下井喷，使其成为海南最有特色的城市之一，也是海南西部唯一的地级市。

临高的传统造船业与各市县的渔业捕捞相辅相成，靠海吃海，当地的渔歌也值得听一听。临高百仞滩是火山活动形成的地质遗迹之一，文澜河水经年累月地冲刷这片乱石滩，使得岩石表面变得十分光滑。澄迈物产丰富，中国地理标志产品众多，福山咖啡是其中的一种。春节期间，前往福山咖啡文化风情镇喝咖啡的人都挤满了小镇。

海的潮汐随着日升月落有规律地变化着，人类花了很长时间才发现其中的规律。深入了解一座岛屿的世界，解锁海洋的秘密，也需要花不少时间和精力。沿着海岸线出发，不仅是一场悠长的海岸之旅，更是一段探索每座城市、从地理特征中打捞历史印记的旅程，唯有如此，才算是一名合格的旅人。

岛屿原住民，隐于林海之间

深度阅读

在地壳运动的断裂作用下，海南岛与大陆被一道海峡隔开，成为悬于海外的孤岛。海浪日夜冲刷着岛屿，阵阵涛声引发无尽遐想，在信息闭塞的年代，那涛声不是浪漫的回响，而是可能覆舟的警示，让人惊惧。即使安全登岛，所见之处皆丛林密布，鸟兽深藏其中，奇珍异草不计其数。这样的环境，让人不禁怀疑自己能否踏出一条路径，且不被猛兽撕咬。然而，在世居于此的黎族人眼中，这座岛屿与海洋又是另一番风光。这是一座天赐宝岛——树枝随便一插便可存活，在骄阳似火的环境下，人可以懒懒散散地生活，戴着斗笠出海、下田、织网、插秧。自西汉将海南岛纳入版图至隋唐间，海南岛的北部和西南部都曾设郡县，又屡遭废弃，旧址渐渐被植被占据，而后又在自然演替中形成新的聚居点。随着中原汉人陆续南迁，这些聚居点便逐渐成为汉族与黎族交融之地，《方舆胜览》中就提到：樵牧渔猎，与黎獠错杂，出入持弓矢。

根据记载，黎族先民是海南最早的拓荒者，3 000多年前他们走海路抵达岛屿腹地，自此四散在东西部海岸与中部热带雨林地区。黎族人熟悉大海，也熟悉雨林。他们知道如何避开危险，如何设下陷阱猎捕丛林中的猛兽。由于地处热带，新鲜的蔬果肉类很容易腐烂，黎族人知道如何在酷热的气候与台风肆虐的季节储存食物，如何利用自然环境安葬去世之人。黎族人信奉万物有灵，由此产生了众多的仪式和传统，也慢慢发展出与山海共生的民族文化。生活在沿海地区的黎族人因受汉族文化影响较大，在古代被称为熟黎："半能汉语，十百为群，变服入州县墟市，人莫辨焉。"文化交融的脉络从海岸向岛内腹地蔓延，经年不息。

此外，疍民文化、苗族文化、回族文化等都随着移民浪潮一起，构成了岛上重要的人文特征。

撰文 / 王海雪　　编辑 / 徐晨阳

part 01

多面交融的东部陵水

多元的地域文化在漫长的历史长河中，构筑了一个多面的海岛，这种多面性，表现在地理、语言、习俗和饮食等方面，以东部的陵水黎族自治县最为突出。陵水境内有一条几乎贯穿全县的河流，名叫陵水河，河与海在此交汇，打通了城内的水路，连接了外部的世界。由于交通便利与地理位置特殊，陵水成为黎族人以及其他族群汇集的地方。

陵水也是体验和观察民族交融与海洋文化的最佳地区。这里不仅是黎族、苗族的聚居地，也是世居于水上的疍家人数量最多的滨海小城。作为历史上重要的东南沿海地区，黎族与汉族在长期交往中形成了独特的人文现象，婚丧礼仪、信仰禁忌和生活习惯逐渐融合，难以区分。黎族人与疍家人、汉族人一起，成为这片广阔海域的耕作者、海洋的开发者。居于陵水的黎族人，多从事旅游业和餐饮业，与中部山区的原始民族风情相比，陵水当地的少数民族与海洋的联系更为长期和紧密，在文化的交融中创造了独特的地方海上文明。

无论是自驾，还是乘坐高铁，进入陵水境内，可以看到一小段波澜壮阔的海景以及柔软迷人的海岸线，这里被誉为"珍珠海岸"。南海出产的珍珠，是古代的贡品之一，海南盛产珍珠的名声传到了岛外的贵族耳中，海南由此获得了"珠崖"之名，也激发了内陆文人关于海南的唯美想象。陵水自古以来就是优质珍珠的盛产地，早在宋代，居于海上的疍家人就拥有精湛的采珠手艺。近千年前，面对广袤的热带海域，疍家人泛舟海上，潜入深水捕鱼采珠，也许怀着和今人目睹此等风光时同样自由辽阔的心情。

整理渔网的疍家渔民
📷 谢磊

64

陵水新村港疍家渔排
📷 谭畅

陵水新村港上密集的船只与渔排，构成了这个港口的奇特风景。这里不仅是珍珠养殖的良港，也是疍家渔排最集中的地方。1729年，清廷废除了禁止疍民上岸定居的旧俗，由此，疍民的活动范围不再受限，对海洋的开发更为深入。疍家人对海产品的烹饪技巧和别处不同，除了保持海鲜的原汁原味，由于南部地区天气燥热，烹调时多以酸味中和，口味偏酸的海鲜汤是当地必尝的菜品之一。食物最能体现一个地区的独特性，在长期的捕捞和食用过程中，鱼类的营养价值被疍家人摸得一清二楚。气鼓鱼粥是疍家渔排上的海鲜店里最出名的一道菜肴，以刺豚鱼为主料，鲜嫩无比，品尝后会觉得不枉此行。在这里，一碗粥就是一名食客的江湖，一碗粥就可以带人去往幽深的海底，与鱼群共游。

在新村港，我望着密集的渔排随着水波晃荡，浮力虽大却无法推动它们，心里生出异样之感。时间的流逝似乎没有那么重要，每一个地区的独特性都经过了漫长的形成过程。这片位于北纬18°的港湾，承载着疍家人五百年来与海共生的智慧。在这样的气候与地域中，过去无数的旅人、商人、原住民一起创造出来的与海相处的方式，都藏于食物之中，未曾改变。在建于海上的渔排里享用海鲜的感觉和看海的心情是一样的——身处岛上，心向大海。那是一种只有扎进当地才能获得的自由，是生命的印记，值得深描。

出海的小渔船　📷 Joy Zhang

part 02

西部尽头的昌江村落

大年初四，我坐上了很早一班高铁，从海口前往昌江。列车一路往西，随着日头越来越高，外面的风景渐渐明朗，阳光被树枝切成小碎片落下来，闪耀着黄金般的光泽。一出高铁站，便感受到一股春日的暖风扑面而来，风里有着海潮的气味，这就是岛屿的西部，海洋与丛林互相搏击却又共生之地。沉香、花梨木、槟榔是陆上的珍宝，而珍珠、红珊瑚则来自海洋。这些来自海陆的珍稀之物，是岛上最受欢迎的商品，对它们的需求也间接影响了西海岸地区的文化。

在西部地区，阳光依旧炽烈，但春意并不明显。两岸的野生木棉树中，只有一两株提前挂满了红花，黎族人从木棉果实里采集纤维，称之为"吉贝"，用于织布。古老的"吉贝"一词起源于梵语，后来泛指黎族传统纺染织绣技艺。元代时，漂洋过海而来的黄道婆将黎族的纺织技术带回家乡，让松江府乌泥泾地区（现上海市华泾镇）成为全国的棉纺织业中心。

昌化江水深且绿，船只行驶在水中，晃荡出的波纹如同树枝，让人感觉仿佛置身空中。两岸都是树木，其中的一侧归属东方市，那一排灰色的树木特别醒目，看起来好像是因常年饱受日光灼烧而变得枯萎。然而，看似枯萎的树依然透着生命力，这一发现令我感到惊讶。同行的有当地的作家兼向导谢来龙，以及刚从当地技校退休的校长吴传文。吴校长退休后，经常背着相机旅拍。谢来龙说，那是人工种下的橡胶树，只有那一排。昌江有矿山，虽然已经不再开采，但高耸的山头还是留下了痕迹，层次分明就像人造的天梯。由于无人踏足，山头再次长满了向上的树。而在水下，则藏有玉石——昌江玉。矿脉里的矿物质流入水中，在玉石内凝结成黑色的松叶状纹路，这让我联想到琥珀里沉眠的昆虫。不知经过多少年，这些玉石才会通透，将矿铁或者铜转化为玉的一部分。

黎族传统纺染织绣
📷 木讷屿

68

昌江黎族自治县乌烈镇的峨港村，是当地规模较大的黎族聚居村落。村里的水泥路并不宽，整个村子弥漫着安静的氛围。路两旁散布着稀疏的房子，大多是两层水泥小楼，其中一间带有围墙的平房是供奉峻灵王的小庙，样子很普通，无法和昌化岭下那间香火旺盛的主庙相比。庙外没有挂牌匾，从低矮的围墙望进去有两棵数十年树龄的小叶榕，树枝叶将大部分日光挡住，地上树影零零碎碎。这间庙是周边渔民出海前必来祭拜之处，也是村民逢年过节来上香的地方。我们穿过门前空地进到庙堂，两侧挂着的红色锦旗上绣字流光。墙面上嵌着一首诗，是守庙的七旬黎族老人写的。

吴传文用黎语和老人聊了好一会。这一带的方言多样化，有军话、儋州话、黎族方言（含哈、杞、润、赛、美孚五大方言）等，还有更小众的哥隆话。经过他的翻译得知，老人因为一个梦才接受了守庙的委托。苏东坡的《峻灵王庙碑》记有："自徐闻渡海，历琼至儋，又西至昌化县西北二十里，有山秀峙海上，石峰巉然，若巨人冠帽西南向而坐者，俚人谓之山胳膊。而伪汉之世，封其山神为镇海广德王。"昌化岭上的那块石头受封之后，逐渐成为西部地区黎汉等居民所敬仰的海神。苏东坡的文章流传于世，更是让神话与历史成为互文。

峨港村有大片的香蕉林，还没到收获的季节，扇形的蕉叶将土地笼住，好像那是它的地盘。汽车慢慢地驶出峨港村，来到县道。在前往保突村的路上，谢来龙说，黎族人对自然资源的运用是生生不息的，熟悉大海，更熟悉森林，知道什么不可惊动。所以海南民族地区的人"观禽兽之产，识春秋之气"，敬山，敬神，敬自然。

保突村以传统的黎陶技艺出名。只有亲临陶坊，才能看到这项古老技艺如何在岁月中传承一个民族的生活智慧。其中，技艺最精湛的当数第一批国家级非物质文化遗产"黎族原始制陶技艺"的代表性传承人羊拜亮。黎族泥条盘筑法来自新石器时代，羊拜亮完整继承了这一古老技术。她的女儿黄玉英，从13岁开始就跟在她身边学习制陶术。手工制作，对一个人的天赋要求极高。还好，黄玉英没有辜负母亲的期待。

2017年，黄玉英在村里成立了黎陶合作社，

黎族传统纺染织绣
📷 吞金山

表面纹理斑驳不一的黎陶
📷 党浩嘉

完整保留了母亲制陶过程的仪式和禁忌。小时候，她最常做的事是帮母亲去附近的山岭采集黏土。这一带的土不是很精细，按照工业标准来看，做出来的陶并不精良。但是，非流水线生产的每一个器皿都是独一无二的，手工勾勒的花纹，就像制作者的思绪在自然流淌，以简朴的线条绘制呈现。露天堆烧时，用枝条甩出的水滴与高温炭火相互作用，赋予陶器表面斑驳纹理，将黎族人历代的想象力变成了具体的实物。这些斑点的大小、形状没有一处重复，让人惊叹。

如今，黄玉英59岁了，做陶久了，一双手就有了和黏土一样的颜色，也练出了搬搬抬抬的力气。慕名来学习黎陶技艺的人不少，黄玉英的陶坊也从村里迁到了路边的平房里。获评"南海工匠"后，她用政府的补贴装修了房子，添置了展示陶器的陈列架，展品从巨型陶瓮到茶杯一应俱全。与母亲不同，黄玉英尝试融合现代陶艺，她在陶坊内安装了一个小型汽窑，也尝试了上釉工艺。但最出彩的，还是传统露天烧制出来的茶叶罐、茶壶、陶锅等。它们能让人一窥黎族发展的脉络，让人触摸到岁月有具体的重量。在这山海与密林之间，黎族人依赖器物烹煮食物，从而让族群延续下来。制陶术，早已是黎族血脉里生生不息的一部分。

记录一个民族的印记，不只有文字、器物，还有身体。在日常劳作中诞生的舞蹈，是展示族群生活的一种形式。借由身体的模拟和动作演绎，观看者可以被带入任意的时空场域。海南民族地区因山岭与海洋的地理区隔，世代居于不同生态空间的少数民族，也以不同的舞姿延续过去劳作与欢庆的记忆。在海南旅行，除了游览自然风光、拜访知名景点，观看一场演出也是必不可少的。每年到了黎族传统节日"三月三"，海南各个民族自治县都会举办民俗活动，各村寨的"舞"尤为引人注目。"舞"不只能助推节日气氛，更是民族精神的直接演绎。

牙营村与昌江其他的黎族村庄没有很大区别。房子的外墙都不会刷得很鲜亮，也许是不想掩盖热带自然的色彩变幻，抑或是黎族人的所有热情已全部倾注于"舞"中。村里"转石舞"的舞者符五经，穿着绿色的长裙，年过六旬却不显老态，也许这就是练舞之人的气质。她带我们看了"转石舞"的主角——一块笨重的圆石，两人合力抬起它都非常吃力，而一群舞者必须依靠腿部力量将这石头转动出动感和美感。在过去，"转石舞"都是男女成对共演，借男舞者的阳刚之力平衡刚柔之美。如今则全由女舞者担纲，舞蹈的"社交"属性被淡化，新生的内涵使其成为黎族村庄的独特象征。

"珠崖在大海中，南极之外"，以岛屿为轴心，三百六十度旋转，触目皆是浩瀚大海。海如何影响岛上的人？岛上的人又如何利用海，将与岛屿有关的一切变成可塑可观的造物？只有踏入大海与密林之间，沿着方位、古迹、村落等实地踏访，才能窥见一点经岁月沉淀与人类智慧淬炼出的民族风情，才能寻得问题的答案。如今，海南民族地区诸多传统技艺已载入国家级非物质文化遗产名录，其民族起源、信仰体系与岛屿地理融为一体，构成了这片山海最重要的地域文化标志之一。过去所发生的，变成了当下的岛屿文化，而当下，将是未来的海南岛历史。

造型别致的黎陶罐
📷 党浩嘉

还能这样玩？

A 去国家公园探索雨林

游玩地点

- 尖峰岭：主峰峰顶、天池
- 俄贤岭：娥娘洞、东方小桂林、大广坝水库
- 霸王岭：雅加瀑布群、皇帝洞

在中国漫长的海岸线当中，海南岛有着距离国家公园最近的沿海路线，人们徒步便可抵达海南热带雨林国家公园。作为我国首批公布的五个国家公园之一，这里是全球生物多样性热点地区，有着"热带北缘生物物种基因库"的美誉。园区覆盖了海南岛中部4 200余平方公里的广阔区域，但若想快速领略其中精华点位，不妨从海南岛西部的三座山岭入手。

从乐东的海岸出发，向东约15公里，就可抵达第一座——海拔1 405米的尖峰岭。作为海南岛内仅次于五指山的高峰，这里有着我国现存整片面积最大、保存最完好的热带原始雨林，是观察山地雨林群落结构和物种多样性的好地方。从尖峰岭向北约90公里，便来到第二座——俄贤岭，这里有着罕见的喀斯特雨林，生活着许多外貌与习性奇特的洞穴生物种群。继续向北约30公里，第三座——霸王岭便出现在眼前，这里不仅是海南母亲河南渡江的其中一处源头，也是中国特有旗舰物种海南长臂猿[1]的栖息地，丰富的水文景观与珍稀生物共同构成一幅生动的雨林画卷。

---

1 **海南长臂猿**
Nomascus hainanus
又名海南黑冠长臂猿，仅分布于我国海南岛，主要栖息在昌江县和白沙县交界的霸王岭核心区域。国家一级重点保护野生动物，被IUCN（世界自然保护联盟）评定为极度濒危，是海南热带雨林生态系统的旗舰物种和伞护物种。

撰文 / 王海雪　　编辑 / 徐晨阳

B 海岛美食看琼北

游玩地点
- 海口市：斋菜煲、海南粉、老爸茶、清补凉、辣汤饭
- 文昌市：白切鸡、椰子鸡、糟粕醋火锅、抱罗粉

提起海南的美食，很多人的第一印象是海鲜。但作为海南连接大陆的味觉前哨，以海口、文昌为代表的琼北地区，在热带季风气候与火山土壤的双重影响下，形成了海鲜之外的鲜味法则。海口是琼北地区的美食中心，斋菜煲用本地黑豆腐与十多种素菜炖煮，是特定节日的吉祥菜肴。街头巷尾的海南粉淋上秘制卤汁，是市井美食的代表。而海口向东南不足100公里的文昌，则以"鸡"和"椰"的美味制胜。作为闻名全国的良种鸡，文昌鸡的烹饪方式有很多，白切品其鲜嫩原味，加椰青煮汤又多几分鲜甜。此外，糟粕醋火锅也被很多人列入"文昌必吃榜"，以酒糟发酵产生的酸醋为汤底，酸香开胃，与各类海鲜、蔬菜都很适配。

C "征服"大海吧！

游玩地点
- 万宁市：日月湾、石梅湾、神州半岛、大花角
- 陵水黎族自治县：香水湾、分界洲岛、清水湾、土福湾
- 三亚市：蜈支洲岛、西岛、后海村、亚龙湾

海南东部的海岸线因地理构造和潮汐规律的差异，因地制宜孕育出了不同的海上运动基因。当防晒霜混着海盐味渗入毛孔时，你会明白这里的海浪不是风景，而是等待被征服的水上赛道。

万宁是冲浪爱好者的首选，吸引了来自世界各地活力四射的年轻人。这片全球知名的冲浪胜地全年涌浪天数超过200天，所谓的"无风不起浪"在这里根本不适用，海岸边的冲浪俱乐部可以满足从初学者到专业冲浪运动员的所有需求。陵水的玩法很丰富，香水湾的滑翔伞可俯瞰海岸全景，分界洲岛水质清澈可见鱼群，适合浮潜与海底漫步。潜水是三亚最值得玩的海上项目之一，西岛周边的海域为国家级珊瑚礁自然保护区，是世界公认的潜水胜地，适合浮潜观赏热带鱼。蜈支洲岛海域生态保护严格，深潜可探索海底沉船等景观。若水性不佳，坐玻璃船观光或在浅水区体验潜水也是不错的选择。

73

广西北部湾线

神奇生物

在哪里

撰文/任辉　　编辑/相楠、徐晨阳

即便在拥有广袤海岸线的中国，北部湾的独特也足以令人印象深刻。

是什么塑造了它的独特？是生活在这里的神奇生物吗？当然，成群的白海豚在北部湾浮潜，圆尾蝎鲎和中国鲎在滩涂上延续古老的故事，近十几年间，巨鲸种群的意外来访，又让北部湾成为中国大陆唯一可以稳定观赏须鲸的海域。是这里的原生环境吗？当然，错落的盐沼和红树林点缀在海岸上，浅海之下还有绵延的海草床随波摇曳。是这里丰饶的物产吗？当然，南国海风吹拂海岸，吹来了满舱鱼虾，也吹拂连片的甘蔗。是生活在这里的人吗？更是当然，千百年来各族群在此交融共生，为自己的生活印上了海的底色。

不过，想要遍览北部湾的美绝非易事，这些故事散落在 4 万余平方公里（广西海域）的广阔海面上，潜藏在 600 多座葱郁的岛屿间，也镶嵌在从洗米河口到北仑河口绵延 1 628 公里的海岸线上。于此只能选取其中最夺目的几颗明玑呈现，但相信它们已经足以吸引你来到这片海湾，当真正置身其中，一定会被那无处不在的、更为磅礴深沉的美震撼。

退潮后被海草覆盖的红树林　📷 张莹

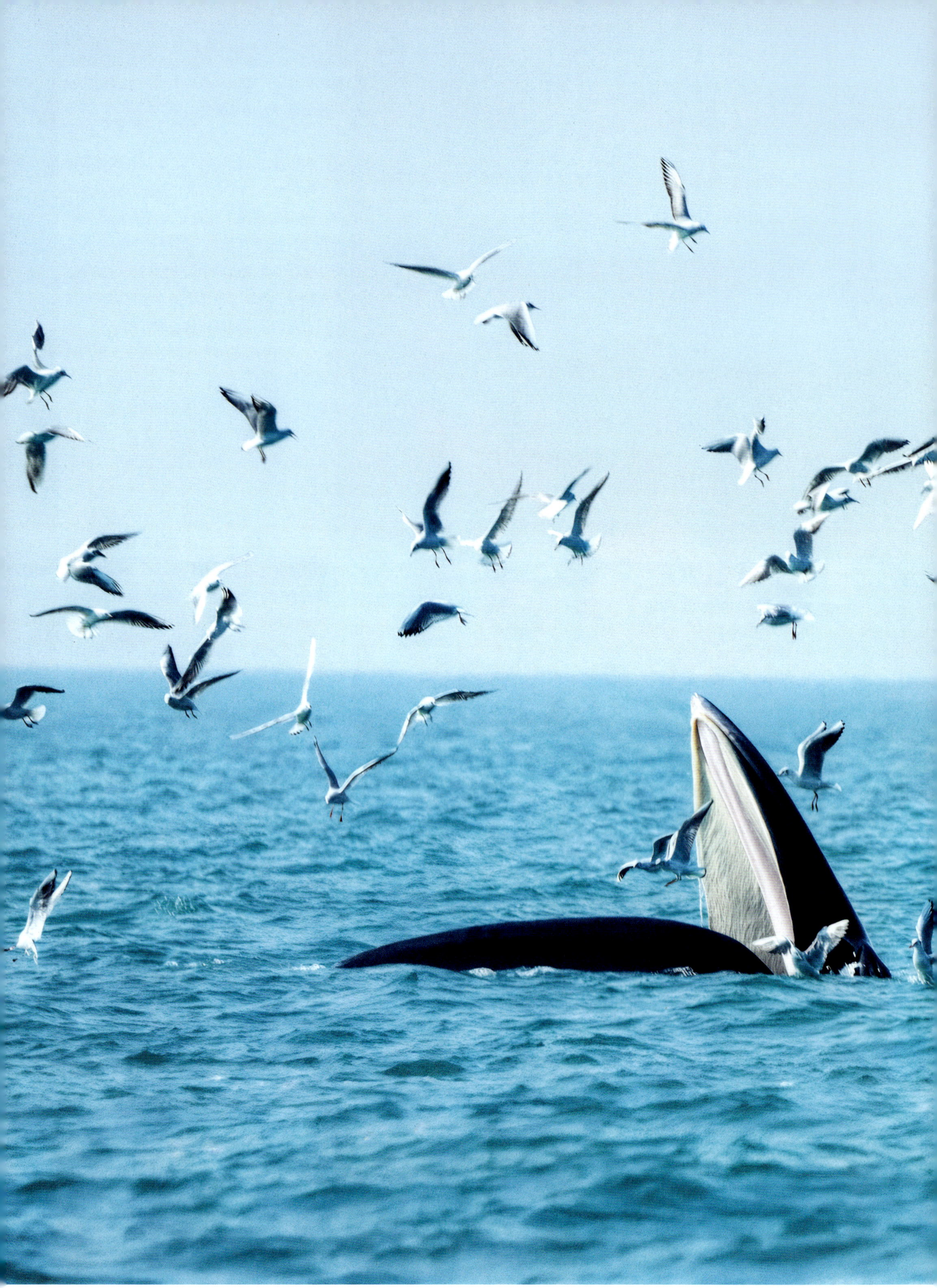

北部湾海域出没的布氏鲸 (*Balaenoptera brydei*)

途经城市

北海市—钦州市—防城港市

推荐景点

北海市
涠洲岛、金海湾红树林、
冠头岭国家森林公园、
白龙珍珠城、
合浦儒艮国家级自然保护区

钦州市
茅尾海国家海洋公园、三娘湾

防城港市
簕山古渔村、山心沙岛、
京族三岛

推荐时间

北部湾自然景观季节性较强，可以根据游玩活动的类型合理安排时间。

▶ **观赏布氏鲸**
集中在 12 月—次年 4 月。

▶ **观赏候鸟**
集中在 9 月—次年 4 月，其中尤以 10 月—11 月候鸟集中飞来和 3 月前候鸟集中北飞的两个时期最壮观。

▶ **赶海活动**
全年皆可体验。

北海

钦州

涠洲岛

防城港

● 广西北部湾海岸路线

任辉

○ 博物学科普作者、科普自媒体《流浪自然》主理人。关注海洋生态、环境保护与气候变化话题的科学传播。

鲸奇之湾

辽阔北部湾的故事，最适合从湾心的一座小岛开始讲起。

"涠"不是一个高频使用的汉字，从字形和释意揣测，它表达的应当是"被水环绕"的意境。虽然所有的独立岛屿都符合这个特征，但古往今来，"涠"字的使用却极尽克制，用它命名的地名有且仅有一处——涠洲岛。或许在唐代贞观年间始见于文献时，涠洲岛还是人们能探索到的为数不多的远海岛屿，也正是这种孤悬远海的意境，让它得以独占"涠"的名号。

实际上，以今天的交通条件，前往涠洲岛也称得上远游了，从北海市区的港口出发，乘坐最快的渡轮也需要一个多小时才能抵达。哪怕只是远眺，你也能发现这里和北部湾乃至南海上大多数岛屿的不同——北部湾近海岛屿大多是泥沙自然堆积形成，南海腹地岛屿多是珊瑚礁缓慢生长的成果，低平是南海岛屿的普遍特色，唯有涠洲岛的山形高耸凌厉。这是它狂野又猛烈的诞生史留下的印痕，过去约 200 万年间，滚烫的熔岩数百次从这里喷薄而出，直至 7 000 多年前这座岛屿的轮廓才最终落定。在涠洲岛南侧湾口附近，裸露的玄武岩、完整的火山口、层叠的火山锥和冷却后的熔岩流是我们追溯这段故事的最好载体，特别是陆海交界处的海蚀拱桥、火山弹冲击坑等景观，仍在诉说着岩浆与海浪的万年角力。如今游历在这座中国地质年龄最小的火山岛上，依然随处可见自然的雕刻，这种地质伟力正是北部湾区别于其他沿海区域的独特底色。

不过，真正让涠洲岛声名远播的，还不是这段古老的地质史，而要归功于一群新近抵达的"来客"。从 20 世纪 90 年代开始，涠洲岛周围的北部湾海域不断出现须鲸搁浅的案例，这引发了相关领域研究者的关注：北部湾腹地是否存在成规模的须鲸种群？此前，近海渔业资源的衰减以及邻国商业捕鲸活动的扩张已经导致我国黄海的小须鲸、长须鲸和广东近海的大翅鲸种群相继消失，在这样的背景下，我们就能理解彼时相关研究者兴奋的心境。在最近十余年间，依据追踪鲸类搁浅的线索，并结合当地渔民的目击报道，终于可以确定，涠洲岛至斜阳岛海域稳定栖息着 30~50 头小布氏鲸种群。

拓展知识

生活在近海和远洋的布氏鲸，存在身体形态和生活习性的差异，后者分布区域远离海岸，体型相对更大，而前者通常被视作一个独立的生态型，即小布氏鲸，涠洲岛周围的这群布氏鲸属于近海型。除了涠洲岛，目前全球已知仅在日本南部近海和泰国湾稳定存在这种类型的种群。

这群巨鲸身上有太多谜团待人探索，它们总是在每年 11 月到次年 4 月集中现身，那其余季节会去向哪里？在常年监测中，研究者们发现过携幼鲸活动的母鲸，这是否意味着此处是繁殖地？这些都是未知，唯一可以确定的是巨鲸来到这里的原因：它们出现和离开的时间点，恰好和涠洲岛周边的小型鱼类（如杜氏棱鳀、黑口鳁等）出没的高峰期吻合。到这里"干饭"，应该就是小布氏鲸稳定出现在涠洲岛的动因。

鱼群引来了布氏鲸，但要把它们留下来，还要靠当地人齐心协力。涠洲岛是一座典型的旅游岛屿，岛上多有从事观光游览的小型游艇，在涠洲岛发现小布氏鲸的新闻被广泛传播以后，游客们来此观鲸的热情高涨，观鲸游艇航线随即火热开通。但这种观鲸活动在很大程度上是不规范的，为了满足游客拍照的需求，"船老大"经常把船开到十分靠近鲸的位置，有时鲸出现的数量不多，还会有十几艘游艇把一头鲸团团围住的情况，这给鲸和人都带来了巨大安全隐患。最近几年，广西科学院和中国科学院水生生物研究所等驻岛科研团队做了许多工作，譬如向快艇船长普及科学观鲸知识、制定公约规范等。当地从事观鲸快艇业务的船东们其实也很清楚，如果因为不恰当的人为活动把鲸赶走了，他们自己的收益也会受到威胁。也正因此，这些本应是受到条条框框制约的人，反而成了公约规范最积极的践行者和推动者。

鲸群引起的水波层层荡漾至岸边，自然创造的环境禀赋给人与生灵的故事提供了舞台，充满野性生命力的生物是这方天地的主角，但真正让故事变得与众不同的，是生活在这里的人们为延续故事所做的努力。

而这样的故事，在北部湾比比皆是。

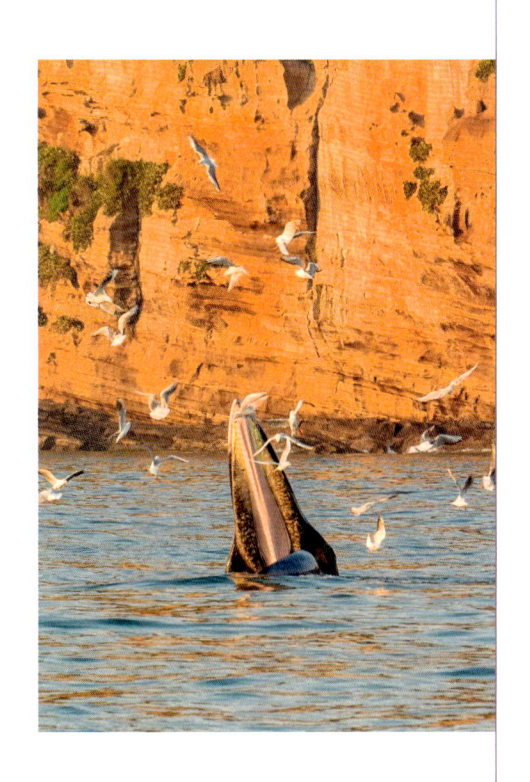

布氏鲸出现时常伴随成群海鸥
📷 樊凯凯

与海共生

和被鱼群吸引到涠洲岛的小布氏鲸类似，北部湾丰饶的海洋物产，也早就引得先民来到这片海岸。在今天防城港市江山乡亚菩山的贝丘遗址，我们还能看到万年前先民们生活的痕迹。遗址中的尖薄石器"蚝蛎啄"印证着先民与海的联系，这种做工烦琐的砾石器是为了从礁石上取下牡蛎而设计的。这个发明显然足够成功，因为就在遗址不远处，还能找到堆积成丘的贝壳，那是千百年前累积的"厨余垃圾"。从防城港亚菩山向西绵延，这样根植于海洋的石器时代文化遗址还有防城港的马兰咀山、杯较山、社山，以及钦州的芭蕉墩、北海白虎头的高高墩等。因为依海而生、贝壳成丘的共性，这些遗迹被统称为沿海贝丘文化遗存。

尽管远古文化的痕迹遍布整个北部湾沿海，我们却很难判断这与今天的当地居民有多少直接联系。在近万年的人口迁移过程中，这片海岸吸引的远不止初代开拓者。在秦始皇征服百越的故事里，从遥远中原前往西南开拓疆域的几十万秦军再也没有出现在文献记录里，哪怕在秦帝国生死存亡的关头，这支大军也没有返回中原参战，他们似乎就留在了这里。东汉初年，立誓"马革裹尸"的伏波将军马援平定交趾后，得以稳定的边疆又吸引了许多内陆人迁来生活。矗立在防城港海边的马援雕塑，与其说是帝国武威的宣示，倒不如说是人和文化流动的纪念碑。这种流动直到如今也未曾停歇，走在防城港的街巷里，随处可见的"东北饺子王""齐齐哈尔烧烤"，还有冷不丁冒出的地区方言都在说明——这片海岸，依然在吸引远方来客。

时空流转，五湖四海的异乡人在此驻足扎根。这片广袤无垠的蓝色世界像一座取之不尽的渔业资源宝库，热带与亚热带过渡区域的天赋水热条件为各种海洋生物提供了完美的生存与繁衍环境，吸引着人们来此定居。

在北部湾，渔业资源的种类多到令人惊叹。经济鱼类多达 500 余种，石斑鱼肉质细嫩，营养价值极高，在市场上一直是备受追捧的优质食材；鲣鱼则以其敏捷的身姿和鲜美的口感闻名，在海洋中，它是速度与力量的象征，而在餐桌上，它是美食爱好者的心头好。北部湾的虾蟹种类同样丰富，尤其是红树林里生长的凶猛青蟹，浓郁醇厚的蟹膏和蟹黄光是想想都让人垂涎欲滴。这里的贝类资源也毫不逊色，石蚝、扇贝和牡蛎，虽形态各异，但每一种都有独特的鲜美滋味。

沿海的渔民们是这片海域的"老朋友"，他们继承了先辈们流传下来的精湛捕鱼技艺，熟知海洋的每一处角落，也知晓每一种鱼类的习性。每天清晨，当第一缕阳光穿透海面的薄雾，一艘艘渔船便如离弦之箭，驶向大海深处，开启一天的劳作。有些渔民采用拖网捕鱼的方式，巨大的渔网在海水中缓缓划过，将成群的鱼虾蟹收入囊中；有些则用刺网，巧妙地利用鱼儿的游动习惯，让它们在不经意间落入陷阱。傍晚时分，满载而归的渔船回到港口，码头上瞬间热闹起来，一箱箱新鲜的渔获散发着大海独有的气息，这些带着大海温度的海鲜，很快就会被运往各地的市场，摆上人们的餐桌。

而在合浦，海洋的馈赠有着双刃写照。在古代典籍里的北海合浦，是一个既困苦又富饶的奇特所在。东晋时期的《交州记》说这里"郡不产谷"，但海里却"出珠宝"，这里的珠宝便是由海生马氏珠母贝出产的合浦南珠。合浦南珠品质上乘，自秦汉起，就已成为历代王朝皇室贡品，此后更是通过海上丝绸之路走向世界，成为中国与各国贸易交流的重要物品，搭建起连接中外文化的桥梁。撒切尔夫人访华时曾特别提及，英国女王伊丽莎白二世王冠上那颗拇指大的璀璨珍珠，正是来自中国合浦的正宗南珠。

然而，一个地区出产名贵物产，对生活在这里的人们而言并不一定是好事。珍珠是由外来异物侵入珍珠贝的外套膜层，被珍珠贝分泌的珍珠质包裹而形成，理解了这个逻辑，就可以通过在贝内人工植入一个"内核"来养殖。但这项看似简单的技术，直到1916年才由日本人御木本幸吉彻底攻克，在此之前的几千年里，各地出产的珍珠完全依靠天然偶得，由采珠人从野外获取。合浦营盘镇西南海域的水温条件适宜马氏珠母贝的生长，同时该海域海流易卷积海底沙砾，也提高了珍珠贝体内进入异物的概率。不过这也意味着采珠人必须迎着湍急海流潜入水中作业。采珠人会使用一种叫作"腰舟"的简易漂浮工具，将其系在腰间以增加浮力。在屏息潜水时，全仰赖经验寻找隐藏在礁石缝隙里的珍珠贝。偶然采集到的珍珠，又要经历当地官员层层盘剥，以至于以海珠换得的米豆往往仍难保一家饱腹。在东汉"合浦珠还"的典故里，地方官员强令过度采珠，导致珍珠贝资源受到重创，人民生活来源断绝，后来孟尝任太守，革除弊端，才让南珠采集重回正轨。此后的唐、明、清时期，合浦珍珠又屡遭滥采，北海白龙港等传统采珠区几乎荒废，合浦的采珠业渐趋衰落。

幸运的是，随着现代养殖技术的发展，合浦珍珠产业迎来了新的春天。北海营盘、山口和沙田三个镇子的海面上，潜水采珠的小舟虽已不见，现代的养殖网箱规模却在不断扩大，接过一枚珍珠贝，亲手把它开启，我们获得的或许不只是一枚珍珠，更是凝结着千年厚重故事的海的泪滴。

海的绿洲

茅尾海位于钦州市南部，是茅岭江与钦江在入海口处交汇形成的半封闭内海湾，因形似猫尾而得名。在河流冲入海湾的过程中，水流速度骤减，江水裹挟的泥沙也就由此沉淀下来，在湾内凝聚成 100 多个大小不一的岛屿，这些岛屿又分割出许多纵横交错的水道，当地人称之为七十二泾。水道曲折蜿蜒，相互连通，形成了一个天然的海上迷宫。

这片水域最引人注目的生态景观，当数那延绵 30 多公里的茂密红树林。红树林沿着水道的两岸生长，扎根于淤泥之中，枝干相互交织，形成了一道绿色的屏障，它们不仅能够抵御海浪的侵蚀，保护海岸线，还为众多生物提供了栖息和繁衍的场所。

红树林从上到下构筑了一个立体的生态空间。在红树林的枝叶间，各种鸟类穿梭其中。白鹭（*Egretta garzetta*）身姿优雅，它们或在空中盘旋，或在枝头停歇，洁白的羽毛在阳光的照耀下闪闪发光；夜鹭（*Nycticorax nycticorax*）则较为低调，常常隐匿在茂密的枝叶间，只在黄昏时分才出来觅食，它们那独特的羽色与周围的环境融为一体，仿佛是大自然特意安排的伪装者。红树林的根系间活跃着众多滩涂生物。弹涂鱼（*Periophthalmus cantonensis*）在泥滩上跳跃着，折腾出啪啪的响声，它们用发达的胸鳍支撑着身体，在泥水中自如地穿梭，还会用尾巴拍打水面，溅起小小的水花。招潮蟹则挥舞着一大一小两只螯，像是在进行一场舞蹈表演。雄性招潮蟹会通过挥舞大螯来吸引雌性，同时以此捍卫自己的领地。涨潮时，海水漫过泥滩，红树林的下部被海水淹没，鱼儿们便会游进红树林的根系间，寻找食物和躲避天敌，此时的红树林就像是一个热闹的水下集市。

北海金海湾红树林
📷 李创

招潮蟹
📷 哈图

如同七十二泾这样原生态的海岸,在北部湾并不罕见。钦州西侧的防城港海岸线蜿蜒曲折,也同样分布着大片的沙洲滩涂。当潮水退去,滩涂便成了一片生机勃勃的世界。各种贝类纷纷从泥沙中探出头来,蛤蜊、蛏子、蚬子密密地分布在泥滩上。它们将自己的身体半埋在泥沙中,通过过滤海水来获取食物。沙蟹也在滩涂上忙碌地穿梭着,它们以滩涂上的有机物为食,小小的身体在沙滩上留下一串串脚印。在滩涂的边缘,还生长着一些耐盐碱的植物,如碱蓬草,每到秋季便会变成鲜艳的红色,将滩涂装点一番。

原生的沙洲和滩涂,让北部湾的滨海湿地成为候鸟重要的栖息地。在"东亚—澳大利西亚"和"中亚"这两条全球候鸟迁徙路线上,北部湾都承担了候鸟越冬地和停歇地的使命。每年秋冬季节,大量的候鸟从西伯利亚及中国北方飞来,在防城港的沙洲滩涂停歇觅食。其中不乏一些珍稀物种,如黑脸琵鹭($Platalea\ minor$),它们常常成群结队地在浅滩中觅食,用嘴巴在泥水中左右扫动,寻找小鱼虾和贝类。还有勺嘴鹬($Eurynorhynchus\ pygmeus$),这种小巧玲珑的鸟类因嘴巴形似小勺而得名,它们在滩涂上轻盈跳跃,啄食着微小生物。

北部湾的美,从不囿于某个瞬间或某个风景:嶙峋的火山岩层见证了沧海桑田的变迁,红树林绵延的根系托举无数生命繁衍,候鸟微微振翅掠过滩涂的弧线,布氏鲸脊背划开水面波涛的轨迹,至今仍诠释着北部湾野性本真的底色。

世代生长在这里的人们,足迹始终和潮汐同频。远古先民的贝丘遗址和汗泪凝结的珍珠代表了过去,而今天的人们更懂得如何珍惜自然的馈赠。当观鲸游艇学会了与鲸群保持距离,当海草床修复成为共识,当人们把幼小的鲎苗捧回大海,北部湾的每一片浪花,都在诉说着可持续发展的可能。

北部湾,南海温柔的蓝色臂弯,承载着自然和人类交织的故事。当潮水退去,滩涂上细密的蟹痕和涟漪,都会成为旅人心里不灭的印记——那是海的邀约,也是生命的回响。

△ 广西山口红树林生态国家级自然保护区的白鹭
📷 张爱林

▽ 滩涂上觅食的勺嘴鹬
📷 Roaoo

奇特生境的原住民与新来客

深度阅读

潮涨潮落间，亚热带温热的晚风拂过海水下的绿色群落，波浪没过近岸的红树林根系，这里是我国海域中仍旧保持着野性的原生态之海。船桨搅浑草根沙砾，相聚甚欢的鱼儿幼崽轰然散开。只见一只手探向珍珠的庇护所，人与自然的故事就此拉开帷幕。

part 01　鲎与儒艮

天边刚刚泛起鱼肚白，防城港山心岛的滩头，潮水已经退到最低点。在距离岸边几百米的平缓沙地上，有一群"小丘"在缓缓前行。如果抱着好奇心前往探看，你可能会被眼前的景象吓到——这些比手掌略大、带着尖刺尾巴的奇怪生物，一只趴在另一只背上，正在成对缓慢地朝岸边爬行。不必太过惊慌，因为你正在见证北部湾生命故事里最隐秘的一章，古老的"活化石"——圆尾蝎鲎（*Carcinoscorpius rotundicauda*），终于回到了它阔别十几年的家。

滩涂上的圆尾蝎鲎

撰文 / 任辉　　编辑 / 相楠、徐晨阳

从长江入海口到南海，各地泛黄的地方文献中都能找到鲎的踪迹，民间也不乏关于它们的谚语俗谈。鲎曾经是我国南方沿海地区随处可见的物种，然而时光流转，东南沿海地区曾经鲎头攒动的滩涂，如今几乎一鲎难寻，它们的主要分布区域逐渐向南退缩，最终止步在北部湾。至少在今天，北部湾已经是鲎的"最后乐园"，也几乎是我们唯一能亲眼见到成群鲎上岸繁殖的场所。在这个看似被现代文明遗漏的角落，人与自然正书写着一段独特的共生传奇。

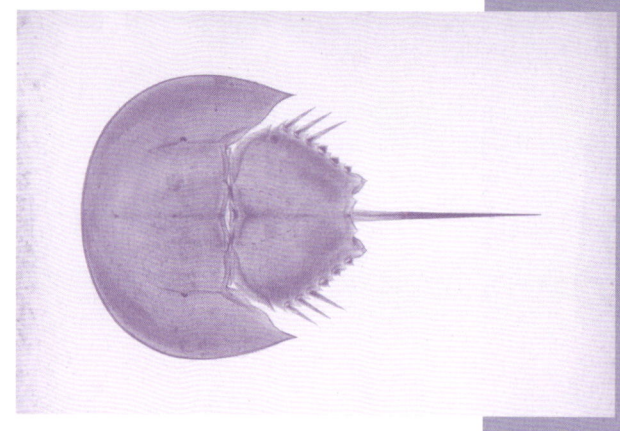

中国鲎（*Tachypleus tridentatus*）

作为远古生物，鲎的祖先在 4 亿多年前的奥陶纪就开始了从海洋向陆地进发的历程，它们甚至一度在滩头站稳了脚跟，演化出适合在浅海滩涂爬行而非在水中游动的身体结构。但或许因为陆地的环境过于苛刻，又或许为了逃避与其他潮间带生物的竞争，这次勇敢的登陆之旅半途而废了，远古的鲎最终掉转方向，再次回归海洋。然而，它们的身体结构却再无重大改变，其独特的繁殖习性也由此固定。

每年一到繁殖季节，遵循着古老的本能，性成熟的鲎便两两组合，从浅海出发，最终爬行到世代相传的滩涂繁殖地。它们选择在滩涂的潮水最高处产卵，因为这里的沙质湿润，既能够避免鲎卵脱水，又不会频繁被海水淹没，影响卵的氧气交换。鲎的幼体在孵化后会经历漫长的生长过程。幼鲎身体较小，外壳也较为柔软，它们在潮间带的泥沙中生活，以小型的海洋生物为食。随着时间的推移，它们会不断地蜕皮、长大，生活的区域也逐渐向浅海移动，这个过程往往需要十几年。

乍看起来，鲎对环境的要求并不苛刻，但要满足条件其实不简单。在沿海开发的大背景下，潮间带本身就被视为寸土寸金的区域，那些适合鲎产卵育幼的沙质潮间带，恰好又是旅游开发、沿海养殖和滩涂渔业生产密集的区域。近几十年来，不受人为影响的天然潮间带逐渐减少。东南沿海曾经繁盛的鲎种群，就是在这样的过程中逐渐丧失了繁殖场地。

而北部湾保留下来的原生环境，恰好满足鲎的需求，连绵的红树林和原生态的滩涂是鲎在北部湾延续传奇的关键。防城港北仑河口附近的京族三岛，是鲎最为钟爱的地方。这里靠近中越边境，岛上居民以京族为主，他们弹着独弦琴，跳着京族舞，构成了一抹独特的风景。沿着海岸前行，你便能领略北部湾独有的魅力——原生滩涂湿地泥沙细软，海水清澈，连片的红树林见证着潮起潮落，为众多海洋生物提供了独特的生存环境。对于鲎而言，这里就是天堂。在这片红树林滩涂，鲎能找到充足的食物，红树林的根系为幼鲎提供躲避天敌的庇护。潮水退去后，滩涂上的小水洼和洞穴，是鲎栖息和觅食的好地方。正因鲎与红树林的紧密联系，圆尾蝎鲎还有"红树林鲎"的别名。

这里，人与自然的界限被悄然模糊，每一寸土地、每一次潮汐，都仿佛在诉说着古老而质朴的共生之道。整个北部湾，因为独特原生环境而孕育的神奇故事，不只发生在京族三岛。

与防城港京族三岛隔岸相望的北海合浦，除了负有盛名的生长在海中的红树林，在近海的碧波下，还有另一种稀有且至关重要的生态——海草床。海草并非藻类，而是由一类海生底栖高等开花植物形成的群落。从渤海到南海，我国近海都曾有繁盛的海草床，它不仅能吸收海水中的氮磷营养物质、降低海水富营养化，更是海洋生命的摇篮。繁殖季时，鱼虾在海草的叶片和根系间产卵，得到海草保护的卵孵化成功率大大提高。幼鱼、幼虾孵化后，海草床又成为它们的"幼儿园"，在这里，它们能躲避大鱼追捕，还能以海草上的微生物和小型无脊椎动物为食，茁壮成长。许多海洋生物都把海草床当成"大食堂"，尽情享受这片"海底牧场"的馈赠。

儒艮
📷 Kevin Schafer

曾经在这片"海底牧场"悠闲畅游的，还有我国现存唯一的海牛目动物——儒艮（*Dugong dugon*）。作为严格的植食主义者，儒艮主要以羽叶二药藻和日本鳗草为食，成年儒艮每天要摄食 40 公斤左右的海草，所以连片的海草床对儒艮的生存至关重要。北海合浦的海草床规模庞大、密度惊人，当地老人回忆，过去这里的海草床"一眼看不到头"，甚至"多到能把人拱起来"，辽阔的海草床和优渥的水质条件让儒艮在这里长得白白胖胖。

被北部湾原生环境庇佑的，远不止鲎和儒艮，千百年来生活在这里的人类，也因这份天赐禀赋而大获裨益。合浦自古以来就是我国重要的珍珠产区，南珠产业从东周发端，至秦汉兴盛，一直持续到清康乾时期，其两千多年的稳定产出，离不开红树林和海草床共同维持的旺盛海洋生产力。如今当地沿海村落还传有独特的海草编织习俗，妇女们将采集来的海草清洗晾晒后，编织成精美的草帽提篮，这些手工艺品不仅用于日常生活，还成为特色旅游纪念品。在钦州、防城港的滩涂上，沿海渔民世世代代潜水取螺、在滩涂设置渔桩捕获鱼蟹养家糊口，依靠的就是红树林带来的丰富海洋生物资源。

part 02 人与自然的生命契约

常言道，盛景易逝。这片迷人的海湾，也曾在沿海开发潮中濒临破碎。还是以合浦的海草床为例，和陆地上的植物一样，海草需要通过光合作用获取能量，因此它必须生活在水质清澈、悬浊物较少的浅海底。而这些浅海区域，恰恰又是近海渔业、贝类采掘的主要场所。拖网渔船在海草床区域作业，破坏海草根系和叶片，贝类采掘活动搅动海底基质，影响海草生长。污水排放导致海水富营养化严重，由此滋生的大量藻类附着在海草叶片上，直接影响了光合作用。2009年，合浦海草床面积仅剩约540公顷，2014年急剧下降到2公顷，几乎消失。曾经占优势的羽叶二药藻和日本鳗草也彻底不见踪影。合浦，甚至连一头儒艮也难以供养了。

同样的故事也发生在古老的鲎身上。鲎的血液中含有一种特殊的免疫细胞——变形细胞。当细菌等病原体侵入鲎的体内时，变形细胞会迅速释放出一种凝固蛋白原，使血液凝固以阻止病原体的扩散。科学家们利用鲎血液的这一特性，研制出了能快速检测药品、医疗器械是否受到细菌内毒素污染的试剂，这在医学领域至关重要。在此之前，渔民的拖网作业虽然会意外兼捕到鲎，但通常会放归大海。然而在鲎试剂产业发展之后，市场需求日益旺盛，人们对鲎的捕捞量也越来越大，特别是作为主要采血对象的中国鲎，种群规模迅速锐减。2021年，中国鲎和圆尾蝎鲎被列为国家二级保护动物，无序捕捞虽得到遏制，但近海滩涂上的定制网和地笼仍在威胁两种鲎的生存。鲎群上岸繁殖时，常被层层渔网阻隔，鲎身上的尖刺导致其一旦进入渔网就很难挣脱。

仓廪实而知礼节，衣食足而知荣辱。人类对于自然的开发从来不是抱着涸泽而渔的想法去开展的，只是生存压力曾让基因本能占据上风。近年来当地不仅加强北部湾生态保护，更思索如何保护这方野生生物钟爱的乐土，如何稳固当地多元民俗的根基，如何在这片蓝色版图上续写人与自然共生的新故事。生活在湾畔的人们，也在通过自己的方式试图找到这些问题的答案。而宏大的转机，往往始于微末。合浦沙田港的教训催生了我国首个海草床生态系统修复技术国家标准，如今站在北部湾的海岸眺望，有时还能看到不断浮潜的工作人员，那是他们正在给海草床"植发"。在防城港的京族三岛，当地学校和社区开展环保教育活动，将海洋生态保护纳入课程，组织学生参观红树林保护区和海草床修复项目，让学生亲身感受海洋生态系统的美丽和脆弱。

红树林滩涂上的红脚鹬（*Tringa totanus*）
📷 風語

红树林也没被落下，清理入侵物种，补种红树苗，志愿者们一步步修复着红树林生态，为途经这里的候鸟，为生活于交错树根下的幼鱼，也为未来的人。

我在北海和防城港的滩涂踱步时，常遇到渔民主动攀谈，他们欢迎大家来赶海，体验当地人的生活，但总忘不了嘱咐几句："不要带走鲎苗，挖到的贝壳最好抓大放小，翻开的石头别忘记放回原位，对了，把随身的垃圾也带走。"听着他们细数家珍式的唠叨，我总忍不住想起一句当地的俗话——"潮去潮来总有路，人敬海神海养人"。

其实，所谓"野性北部湾"，从来不是人类缺席的荒原，而是生命共荣的契约。4亿年前，鲎的祖先在奥陶纪的滩涂上留下足迹，4亿年后，它们的后代依然在北部湾的月光下执着跋涉，新来客踏上原住民的家园，这跨越时空的呼应，恰是地球生命力的明证。守护这片海湾，不仅为了延续古老的基因，更为了重塑文明的尺度。人类也终将明白：我们不是自然的征服者，而是潮汐中彼此成全的共生者。北部湾的故事，仍在浪花中书写，退潮后留下的水洼映照着未来更清澈的答案。

还能这样玩？

A 等待候鸟飞来

地点推荐

📍 **防城港市**：东兴海堤（冬季可观赏红嘴鸥）、红沙渔鹭园、万鹤山滨海湿地公园、沙潭江湿地公园、山心沙岛（秋冬季可观赏数十种候鸟，包括勺嘴鹬、大滨鹬等珍稀鸟类）

📍 **钦州市**：茅尾海国家海洋公园（全年可观赏鹭类候鸟）、白鹭湾（全年可观赏鹭类候鸟）、三娘湾（冬季可观赏鸻鹬类候鸟）

作为"东亚—澳大利西亚"和"中亚"候鸟迁徙线上重要的候鸟越冬地与停歇地，每年的秋冬季节，在北部湾都能看到成群的候鸟循着规律的航迹如期而至。在沿海绵延百里的湿地滩涂上，有数不尽的鲜活小鱼和甲壳类生物，它们正是候鸟跨越千里最期待的补给。

观鸟要选对区域，也要格外注意时节的变化。尤其是观赏一些鸻鹬类候鸟时，它们在繁殖季节和非繁殖季节的羽毛颜色会有较大差异。若选择晚秋来访，最适合带着相机沿潮沟慢行，此时第一批抵达的候鸟还披着繁殖季的金色羽毛，金斑鸻翅膀边缘的灿金纹路在朝霞里若隐若现，偶尔还能捕捉到反嘴鹬单腿立在水洼中的剪影。待到深冬，黑翅长脚鹬细长的红腿划过天空时，仿佛有谁在空中抛洒了一把朱砂线。此时不必执着于辨认鸟种，坐在渔人废弃的舢板上看群鸟随潮汐进退，海浪声会替它们讲述跨越半个地球的故事。

撰文 / 任辉　　编辑 / 相楠、徐晨阳

B 在海滩"开盲盒"

地点推荐
- 北海市：金海湾红树林
- 钦州市：三娘湾、三墩港

注意事项
▶ 如果要去红树林和礁石区赶海，一定要换上防水防滑的雨鞋或溯溪鞋，攀爬礁石时，要尽量避免长满海藻的湿滑区域。
▶ 北部湾是典型的全日潮海区，潮水每天只涨落一个来回，记得提前查询当日潮汐表。趁着退潮期赶海，涨潮前结束，才能既安全又尽兴。

赶海是沿海居民最日常的活动，提着小桶走到海滩，就好像在寻找大海每日更新的盲盒。根据各地滩涂环境的区别，赶海时能遇到的小生物不尽相同。北海金海湾滩涂是沙蟹的游乐场，这些小机灵鬼总会从四面八方探出眼睛，挥动着透明的钳子和人玩捉迷藏。红树林的气根深处，招潮蟹正挥舞着霓虹色螯足列队。转到钦州三墩港的礁石区，退潮后的岩缝里，藤壶用石灰质外壳敲打潮音，指甲盖大的寄居蟹背着海螺壳，在海草上拖出银亮涎线。在观察小海鲜们的行踪之余，一定要时刻关注潮水情况，如果海水已经开始漫上身边的滩涂，还是尽快收拾心情上岸，那些来不及捡的蛤蜊，就留给反嘴鹬当夜宵吧。

粤港澳海湾线

江海之间的多重变奏

撰文/等等　编辑/徐晨阳

在中国东南沿海的粤港澳地区，蜿蜒着4 000多公里的海岸线，地质运动与潮汐冲刷塑造了多元的风貌，火山岩经亿万年浪击化作陡峭海蚀崖，珠江裹挟的泥沙堆积出土壤肥沃的三角洲。海风裹挟的咸湿水汽，滋养出连片的红树林与珊瑚礁，也催生了中国最早的海洋贸易。自秦汉起，这里便是连通南洋与中原的枢纽。现代都市的楼宇倒映在海湾水面，星罗棋布的海岛与海滩展现着各自不同的魅力，来一趟旅行，刚好可以聆听这段在江海间展开的多重变奏。

香港西贡浪茄湾　📷 luolei

广州

湖南省　江西省　福建省
韶关市
梅州市
清远市　河源市　潮州市
揭阳市
肇庆市　广州市　惠州市　汕头市
云浮市　佛山市　东莞市
江门市　中山市　深圳市　汕尾市
珠海市　香港特别行政区
阳江市　澳门　香港
澳门特别行政区
茂名市

广西壮族自治区

南　海

东沙群岛

深圳

珠海　澳门

● 粤港澳海岸路线

96

途经城市

🌓 汕头市—惠州市—深圳市—广州市—珠海市—阳江市—香港特别行政区—澳门特别行政区

推荐景点

🌓 📍 **汕头市**
南澳岛、青澳湾、妈屿岛

📍 **惠州市**
双月湾、巽寮湾、三门岛

📍 **深圳市**
大鹏半岛、大梅沙海滨公园

📍 **广州市**
南沙天后宫、长洲岛、南沙滨海公园

📍 **珠海市**
香炉湾、外伶仃岛、淇澳岛、桂山岛

📍 **阳江市**
海陵岛、月亮湾、北洛湾风景区

📍 **香港特别行政区**
南丫岛、西贡厦门湾、麦理浩径、维多利亚港

📍 **澳门特别行政区**
黑沙龙爪角海岸径、渔人码头

推荐时间

🌓 9月—11月，或依具体区域的节日前往，避开台风季。

等等　　　　○ 自由撰稿人，关注人文与地理方向。

潮汐与海岸的
　　　　　对话

粤港澳地区海岸的轮廓，是在山海的相拥间勾勒出来的。东西绵延约 600 公里的南岭，将广东北部与江西、湖南、福建隔开，既分隔了长江水系和珠江水系，又阻挡了大部分西北季风，使得来自海洋的暖湿气流得以驻留，造就了南粤大地的温暖湿润。在南岭的影响下，粤港澳地区的地貌呈北高南低的阶梯式分布，地处南岭山脉南麓的广东北部以山地与丘陵为主，南部的珠三角、潮汕等平原则延伸至大海。海陆交会形成的海岸线风貌，因地质构造、海洋动力和人类活动的共同作用，呈现出极其丰富的多样性。

当山地遇上大海，便形成了基岩海岸。在海浪的持续冲刷下，基岩海岸不断被侵蚀，形成不同的海蚀地貌：高出海面的陡崖被称为海蚀崖；当海蚀崖受海浪冲刷后退，崖前便会形成平坦的基岩台地，即为海蚀台；海崖岩石裂缝经海浪冲蚀，碎落形成空洞，则成海蚀洞。

深圳大鹏半岛的海岸线，是岩石与海浪亿万次交锋的战场。在这里可以一睹海蚀洞、海蚀拱桥、海蚀崖、海蚀台和海蚀柱等多种海岸地貌。这里的基岩海岸形成于一亿多年前的古火山喷发，由冷却的熔岩经海浪雕琢而成。其中海蚀崖高耸陡峭，如刀削斧劈般直插海中，退潮后岩壁上藤壶与牡蛎清晰可见。半岛西侧南澳的洋畴湾至鹅公湾海岸线是攀岩者的秘境，常年有爱好者在峭壁上挑战野线攀岩。大鹏半岛国家地质公园内还设有火山地质科考路线，可供游客近距离观察沿线的火山岩石与海蚀地貌。

同样有大面积火山海岸地貌的还有香港西贡半岛，岛上独特的六角形岩柱群由火山岩经一亿多年的风化侵蚀形成，这些如风琴般错落排列的海蚀柱，构成了目前全球分布面积最大的六角形岩柱景观。除此之外，西贡还是户外胜地，覆盖了麦理浩径徒步路线最具代表性的前三段，沿途可一览火山遗迹与海湾风光。在香港最东端的东平洲，其基岩地貌由页岩组成的沉积岩形成，岛屿周围的岩石滩在退潮时裸露，侧面显现出千层糕般的海蚀台，俯瞰则宛如一幅《千里江山图》。2011

麦理浩径 M020 标距柱点位，位于香港西贡的浪茄湾，这是徒步路线中第一段结束和第二段起始位置
📷 Raquel Mogado

98

香港西贡的六角形岩柱群
📷 Panther

年，这里同印洲塘、瓮缸群岛等共 8 个景区一起被联合国教科文组织批准为世界地质公园。

当河流携带沙石入海，沙砾受海浪冲刷在海湾堆积便形成沙质海岸。与基岩海岸形成的海蚀地貌相比，沙质海岸展现的海积地貌处于一种更持续的变化之中：当沙砾在海湾转折处堆积出弯曲的沙体，可能形成沙坝；而当沙坝将海湾围起形成半封闭的湖泊，仅留狭窄出口与海相连，便形成潟湖；如果沙砾持续堆积，岛屿也可能与陆地相连形成陆连岛。这些地貌见证着海陆之间绵延不绝的转化。

香港最大的岛屿——大屿山，其南部的长沙海滩绵延 3 公里，是香港最长的天然沙滩。洁净细软的沙滩与清澈的海水使其成为划艇、滑浪风帆等水上运动的乐园。大屿山南岸的贝澳沙滩由一个沙嘴形成，附近山溪入海形成咸淡水交汇生态，其中的一片淡水湿地为水牛、鸟类、蛙类等提供了栖息地。西岸的大澳渔村已有 400 多年的历史，是香港为数不多的水上渔村，在这里，疍家人的水上棚屋错落有致，船只穿梭其间。

香港大澳渔村
📷 Ben Pipe

惠州三门岛海域清澈见底　📷 kayCN

香港西贡的厦门湾泳滩　📷 金鼎

香港东平洲的岩石滩，俯瞰形似青绿山水画卷
📷 王楚

粤港澳地区漫长的海岸线还孕育了独特的海岛与海湾景观，这里拥有 2 000 多个海岛和 500 多个海湾。惠州的双月湾由两个半月形海湾组成，是在沿岸海流作用下由泥沙堆积形成的连岛沙洲，东湾水平如镜，西湾波涛汹涌。双月湾南端的海龟湾拥有中国唯一的海龟国家级自然保护区，是国内最后一片海龟产卵繁殖地，每到夏季的繁殖期，都会有大量的绿海龟洄游来此交配和产卵。大亚湾的三门岛（又称沱泞岛）保存着完好的自然生态，海水清澈见底，海底鱼群丰富，是浮潜的绝佳去处，还可以套上绳索感受从陡崖顶下落的刺激崖降体验。巽寮湾是粤东数百公里中海水最洁净的海湾之一，海滩沙质软细洁白，有"天赐白金堤"之称，附近的三角洲岛还有着极清澈的渐变果冻海。

汕头的南澳县是广东唯一的海岛县，由南澳岛和周边 35 个主要岛屿组成，其孤悬海外的位置，使之在明清时期成为闽粤海商庇护所和私人贸易中转站。岛上庙宇众多，每至节庆都会有热闹的游神活动。这里更有着亚洲最大的海岛风电场，高低起伏的地势上转动着上百架风车。

阳江的海陵岛，长长的海岸线上每隔一段距离就会有不同的景致：十里银滩绵延 7.4 公里，宛如一条银龙卧在岛上，沙白浪柔、水质洁净；马尾岛上林荫遍布，保留了较为原始的自然气息，也是捕捉日落的绝佳地。海陵岛曾经还是海上丝绸之路的重要港口，从大澳渔村的联排棚屋和大澳商会的遗址中可以看出昔日荣光。20 世纪 80 年代，宋代商贸沉

惠州巽寮湾
📷 Jason Yuen

船"南海Ⅰ号"在上下川岛海域被发现，现在可以在海陵岛上的广东海上丝绸之路博物馆了解相关的考古成果。

在人类视线难以触及的海面之下，珊瑚礁与红树林构筑起这片海域的双重生态守卫线。尽管珊瑚礁多分布于海南及南海诸岛，粤港澳地区的局部海域仍存留珍贵的珊瑚群落。在珠海东南部的外伶仃岛海域里，以鹿角珊瑚为主的珊瑚礁为小丑鱼提供了天然的庇护所。成对的猬虾挥舞着前螯，在珊瑚礁下觅食海流中的生物。湛江徐闻县西部海域生长着中国大陆架浅海区域中连片面积最大、种类最丰富、保存最完好的珊瑚礁群。在核心区的灯楼角海域，礁体呈阶梯状向深海延伸，盾形陀螺珊瑚以漏斗状结构层叠生长，细角孔珊瑚伸展触手，末端呈紫红色，与黄色十字牡丹珊瑚形成鲜明对比。同时，湛江还拥有我国红树林面积最大、分布最集中的自然保护区，约占全国红树林总面积的 33%。

汕头城市海岸
Vida Huang

海上港口与
　　殖民遗产

粤港澳地区的陆地生长史，始于古海湾的潮涌。几千年前，这片土地尚被海水覆盖，珠江三角洲的陆地仍在海洋中孕育。1937年，中山大学地理系教授吴尚时在今广州海珠七星岗发现了距今约6 000年的古海岸遗址，其海蚀地貌保存完整。清代《顺德县志》中记载了珠江口演变的历史："昔者五岭以南皆大海耳，渐为洲岛，渐成乡井，民亦蕃焉。"也就是说，如今珠江三角洲的大片陆地是从海洋里"长"出来的。

岭南有文字记载的历史可追溯至秦代。秦始皇遣任嚣、赵佗率军征服岭南后建番禺城。秦末动荡中，赵佗自立为南越王，定都番禺（今广州北京路一带）。到了汉代，雷州半岛南端的湛江徐闻县与今广西北海合浦县是当时海上丝绸之路的起点，商船沿北部湾驶向东南亚，开启了中国大规模海洋贸易的先声。但当时商船多循岸辗转航行，尚未形成真正意义上的远洋航线。在徐闻、合浦出土的波斯银盒与琉璃珠，印证了岭南与异域的早期对话。

珠江发达的江河水系为岭南这片土地的旅行与贸易提供了便利的交通条件。魏晋南北朝时期，南方政权开始重视海上交通，海上贸易进一步发展。贸易条件更好的广州逐渐取代徐闻、合浦，成为主要贸易港，广东与海外的交通往来更加频繁，当时从锡兰（今斯里兰卡）到广州的远洋航线大约50天便可抵达，这条经印度洋的航线日趋成熟。

隋开皇十四年（594年）朝廷确立近海立祠制度，在广州黄埔的珠江口建南海神庙，当时，粤人出海前祭祀南海神祝融，祈求"海不扬波"。直到现在，人们依然会在每年农历二月十三的波罗诞（又称南海神诞）举行游园聚会和娱神祈福活动。而南海神庙所在的扶胥港，在唐宋时还是重要的外港，千百年来无数的海上商贾与旅行者在这里朝拜，祈求海上的旅程平安顺遂，而后踏上未知的旅途。

佛教最早在西汉末年经陆上丝绸之路传入中国，到了晋代，开始自海路传入，很多南亚高僧正是从广

104

1873年的怀圣寺

州登岸抵达中国的。迦摩罗尊者被认为是首位经海道进入中国的梵僧，他在广州城西建造的三归寺和王仁寺，是岭南最早的寺庙。而禅宗初祖菩提达摩在广州珠江北岸（今下九路附近）登岸后建的西来庵，是今天华林寺的前身。唐代政府在广州城西坡山为聚居的阿拉伯和波斯商人设立"蕃坊"，后者在此附近筹资建造了清真寺，即今天的怀圣寺，寺中现存的建筑"光塔"为广州现存唯一的唐代建筑，彼时也用来为海上的船只引航。

到了宋元时期，珠江入海口的地貌发生了剧变。在宋代以前，广东的泥沙沉降非常缓慢，河流出海口沉沙只能依靠自然堆积。宋元之后，人们主动筑堤围垦，将沼泽转化为耕地，同时形成了密集的水网，海岸线不断南移，在明末时期逐渐形成了现在的珠江三角洲。在一系列对自然的改造和开发中，自然逐渐退却，人成为这片土地上的主角。不过，如果留意今天广东各地的地名，如"涌""滘""洲""澳"等字眼，依然可以感受到水曾经流过脚下土地的痕迹。

1938年珠江上行驶的货船

明清时期，正值欧洲各国开启大航海时代的黄金时期，从欧洲经印度、东南亚到东亚的海上航线日趋成熟，全球贸易日益活跃。明末清初，广州十三行逐渐聚集了诸多外商洋行，成为当时中国对外贸易的核心，被时人称为"天子南库"，可见外商缴纳的税银之高。此后，这一带又成为英法租界。如今人们不仅可以到广州十三行博物馆了解广州近代对外贸易的历史，还可以在沙面感受百余年前广州租界区的繁华盛宴。

两次鸦片战争的炮火改写了千年格局。随着上海、香港等新港的崛起，广州的贸易优势逐渐被取代。香港维多利亚港与澳门内港成为当时粤港澳地区殖民经济下的"双生子"。行走在今日的香港和澳门，我们依然可以从城市的缝隙间阅读出曾经层叠交错的历史。20世纪初开始在香港天星码头运行的天星小轮，其铸铁穹顶与木制船体的设计，至今仍保留着爱德华时代的工业美学。如果夜晚乘坐天星小轮，可以一览维多利亚港的夜景——码头两岸高楼鳞次栉比，九龙岛上的弥敦道街头人流涌动，潮湿的海风夹杂腥咸的海盐气息扑面而来。

在维多利亚港行驶的天星小轮
icpix_hk

106

民系基因
与味蕾密码

在漫长的历史时期，岭南的地域文化在山海交错中孕育出了独特基因。从两晋至北宋年间，几次大规模的北人南迁，使得越来越多中原的汉人来到岭南，带着不同文化与族群记忆融入这片土地，在历史的摆荡交叠中，逐渐形成了广东的三大民系，即珠三角平原的广府民系、粤东南的潮汕民系和粤东北的客家民系。不同民系因循特定的文化与味蕾记忆，形成了各自独特的美食。

广府民系主要分布在珠三角地区，以广州、佛山、肇庆等地最为突出。由于江河水系繁密以及毗邻海洋的缘故，珠三角地区有着水神信仰。珠江的主干流西江流域，自古流传着龙母传说。传说中，龙母本名温媪，其在水边捡到一个大如斗的卵，带回家照顾后孵出五条能驯洪治水的龙子，守护着当地百姓，龙母因此被尊为"西江守护神"。历代帝王均对其进行敕封，汉高祖封其为程溪夫人，宋神宗封其为永济夫人，肇庆悦城龙母祖庙在宋时还获赐庙额"孝通"，民间水神信仰逐渐被纳入官祀系统。如今每年农历五月初八，肇庆的龙母祖庙都会为龙母诞举行热闹的祭祀仪式。

同样热闹的，还有珠三角各地如火如荼的龙舟赛，这是各村社宗族力量展现的竞技场，其中要数广州车陂村的龙舟景最为精彩。每年农历五月初三，车陂村便会以龙舟会友，四乡八里的龙船都来此趁景，龙船多时达 200 多条。车陂龙舟景迄今为止已经有 300 多年的历史，坊间素有"未踏车陂龙舟地，莫提睇过龙舟景"的美誉。

除了丰富的人文与民俗传统，广府地区的饮食文化也独具魅力。广府菜以"清鲜原味"为特点，强调食材本味，擅长烹制河鲜、禽类和时令蔬菜，调味清淡但口感层次分明。皮滑肉嫩的白切鸡需要精准把控三浸三提的烫煮节奏，煮好的鸡斩块蘸上姜葱酱汁，油香四溢；肠粉的米浆须现磨现蒸，粉皮薄如蝉翼，裹上鲜虾或牛肉，口感滑嫩鲜美；顺德的鱼生考验刀工的极致，新鲜鱼肉切成 0.5 毫米的薄片，搭配姜丝、葱丝、花生、芝麻等配料，蘸上酱油和花生油，入口鲜甜爽滑，展现了广府人对本味的极致追求。

广州鱼市场上的海货

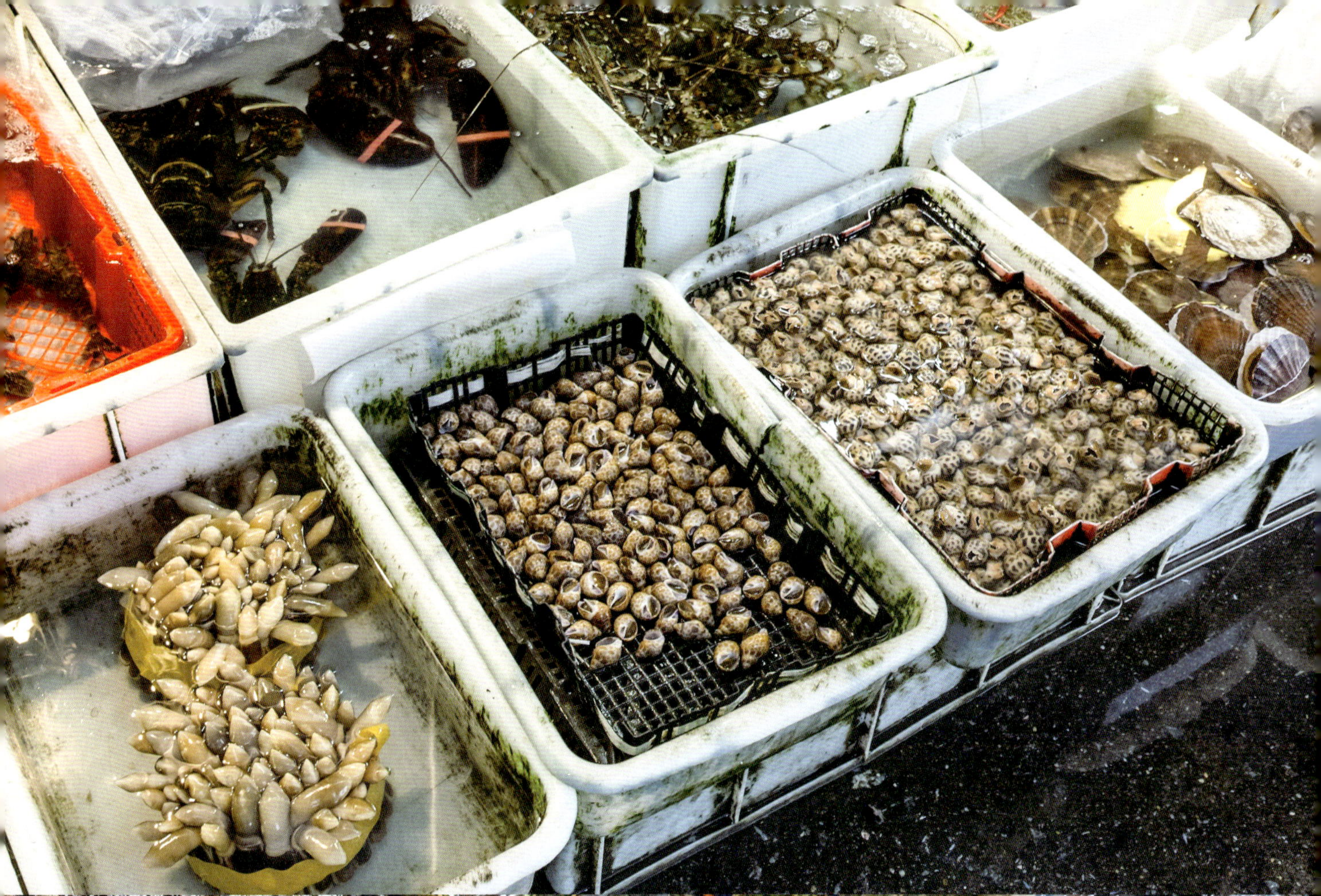

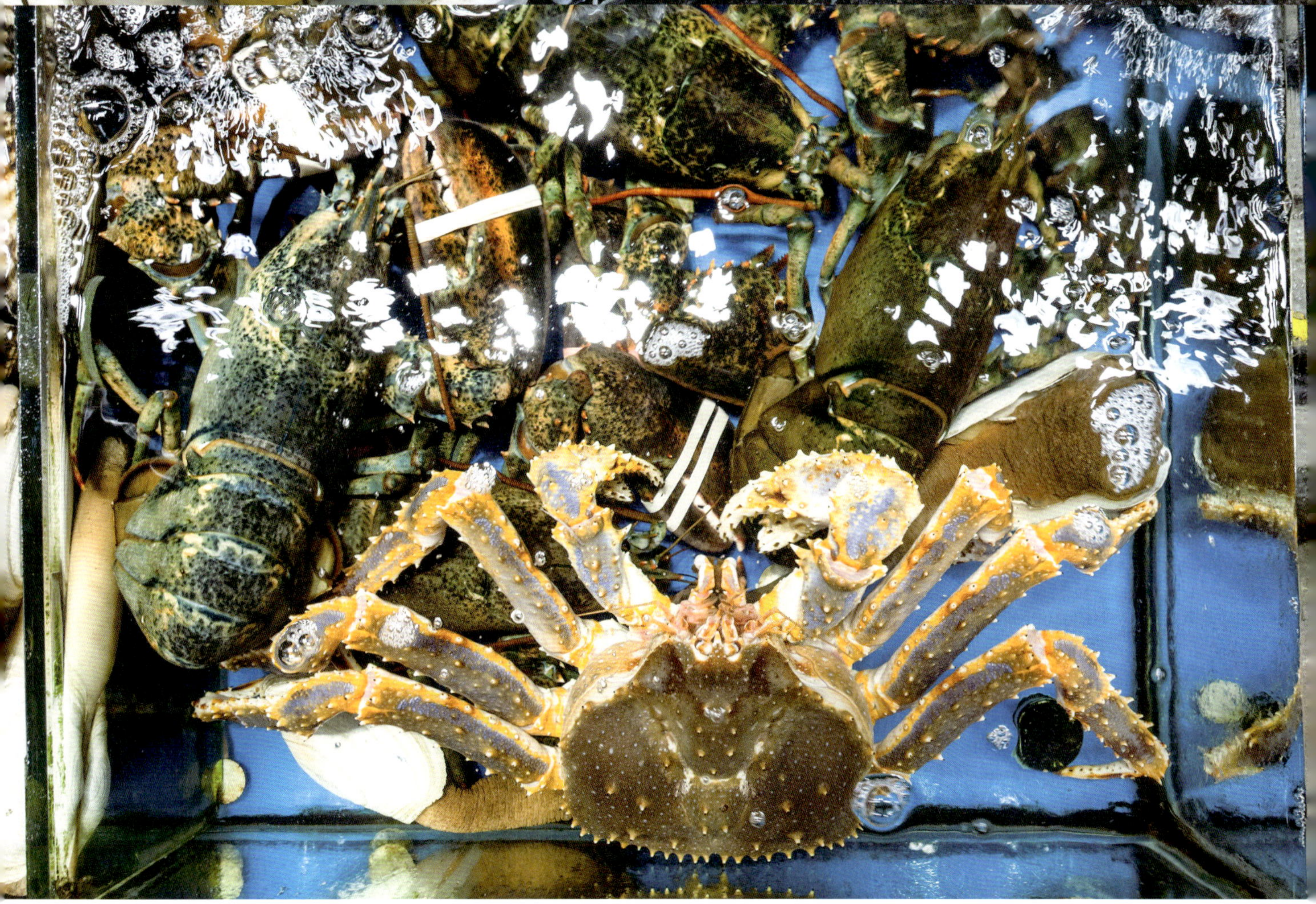

△▽ vvoennyy

广东人餐桌上的海味　△▽　📷 Qin Ningzhen

△ 📷 Chon Kit Leong ▽ 📷 George Martinus

"逢山必有客，逢客必住山。"客家人迁入广东的时间晚，土地肥沃的平原地带早已被占据，因此他们大多居住在粤东北相对贫瘠的山地丘陵地区。"世界客都"梅州是广东客家人最集中的城市，这里是客家人在陆上南迁的最后一个落脚点，也是近代很多客家人远渡南洋的出发地。梅州的大埔县是客家民居的聚集区，过去客家人以宗族为纽带聚居在一起，他们非常抱团，少与其他族群进行交流，因此形成了具有防御功能的各式民居建筑，包括围龙屋、土楼、方楼、五凤楼等。400多年前建造的围龙屋"花萼楼"非常值得一看，这里也是电影《大鱼海棠》的取景地。梅州市区的中国客家博物馆是了解客家文化的好去处，博物馆不远处是始建于北宋的当地文脉传承之地梅州学宫，附近的江北老街和油罗街，是感受老城区、品尝道地客家小吃的不错选择。

从梅州向沿海地区延伸，是潮汕民系集中分布的区域，以潮州、汕头、揭阳等地为主。"潮汕人，福建祖"——潮汕人是早期从中原南下，经福建迁入粤东的汉人后裔。移居广东之前，他们已掌握渔业技能。清代档案里记载："出海商、渔船，自船头起至鹿耳梁头止，大桅上截一半，各照省分油饰……广东用红油漆饰，青色钩字。"在明清海禁政策时松时紧的时期，潮汕人驾着红头船远赴南洋谋生。这群远渡重洋的潮汕人中既涌现了富商巨贾，也有改写东南亚政治版图的传奇人物，至今，祖籍潮汕的华人华侨人数约有1 500万。面对听天由命的凶险航程，潮汕人形成了敬天地拜海神的传统，由此衍生出独特的信仰体系。

潮汕民间信仰庞杂，庙里供奉着妈祖、城隍、关帝及本土的三山国王、雨仙爷、珍珠娘娘等神明，这些神明都被称为"老爷"。在潮汕，每逢节庆人们都会举行"营老爷"游神活动。正月是游神仪式最集中的时间，潮汕各地的村庄都有自己的游神社日，人们会热热闹闹地将庙中供奉的神像请入神轿巡境，沿途接受百姓香火供奉，保佑合境平安。若过年期间到潮汕旅行，还可以跟着当地人的游神仪式，欣赏源自傩戏驱邪的英歌舞表演。

潮汕地区的饮食深受海洋影响，过去的潮汕人多以打鱼为生，靠海吃海。被称为"潮汕毒药"的生腌海鲜，是将鲜活的虾蟹贝类等放进特制调料里冷藏腌制而成，极具鲜活味；蚝烙用新鲜的生蚝搭配蛋液、红薯淀粉等食材猛火煎制，再以鱼露提鲜，口感外酥里嫩；潮汕砂锅粥汇聚了虾、蟹、鱼、鸡、鸭、鲍鱼等食材，米香与海味交融。潮汕曾经是重要的蔗糖生产和输出中心，因此菜系中甜味的运用也很广泛。宴席讲究"头尾甜"，即第一道和最后一道都要安排甜味的菜肴，姜薯绿豆甜汤常作为头甜上桌，甜绉纱肚肉、白果芋泥则是尾甜的常见菜色。潮汕菜还擅烹牛肉，新鲜牛肉与沙茶酱、鱼露等各式酱料搭配，入口浓郁、回味无穷。如今，随着潮商足迹遍及世界各地，潮汕菜也远传四方。

今日粤港澳作为开放前沿之地，早已退去古代边陲印记。但航海时代的号角、海上丝绸之路的船影、多元族群的交融，仍在山海间镌刻着层叠的文明。当海风掠过大帽山吹拂广州塔，山与海的千年对话，会在商埠庙宇和筷尖碗底延续。

潮汕：山海尽头的江湖

深度阅读

胡同
长居广州，
爱喝潮汕单枞的 i 人。

正月初十上午 10 点多，电话响了。来电的人挺客气，说店要开张了，让我把停在橱窗前的车挪一挪，"不着急，晚一点也没问题"。这是我接到过最心平气和的挪车电话。

走出酒店，我忽然一阵恍惚。白天的潮州就像卸了妆的艺人，显得憔悴而平凡，与前一晚绚丽灯光下的这座城市简直判若两城。

春节期间去趟潮汕，这个念头酝酿了一年多。作为在广州生活了 30 多年的人，我第一次踏足潮汕是 2023 年，那次出行颠覆了我对滨海城市的认知。潮汕地区包含潮州、汕头、揭阳三座城市，它们看上去不像大连、青岛甚至珠海那样规整现代，也谈不上像泉州或者厦门那么古韵飘香。在广东漫长的海岸线上，潮汕地区也算不上主流。地理位置偏居东南不说，海也并不好看，即便我这样的潜水爱好者，都对潮汕的海提不起半点兴趣。

但潮汕有着和广府、客家、雷州半岛都不同的文化，看上去更野，更"江湖"。它像是由无数个部落组成的社区，看起来相当松散，但这里的人们总是以某种心照不宣的逻辑行事，隐秘而高效。

那次潮汕之行留下的这种模糊印象久久不散，我总想找到其中的原因。直到 2025 年过年期间，汕头的老同学忽然发消息来问，要不要去看英歌舞："我去接你，咱们喝一杯然后挤到人群里，去看那帮大花脸在大街上跳舞，肯定好玩。"这个邀约在那几天里不停产生回响。大年初九，我给车加满了油，跟老同学说了声："出发了，你等着。"

撰文 / 胡同　编辑 / 周依

part 01

从牛肉到牛肉火锅生腌

开车行驶在梅州地区的高速上，车道两旁被银叶金合欢围绕，远处层叠的山丘连绵不断，让人眼睛十分疲劳。我决定先去潮州歇歇脚，顺便去见另一个朋友老陈，一家火锅店的老板。

2023年夏天，我在他厂房一样的办公室里问他："潮汕明明是滨海地区，不产牛，为什么吃牛肉吃得天下闻名？"他哈哈大笑起来，没有立刻回答，而是转身烧水准备泡茶。

从地形上看，在武夷山脉以东，还有一条我国东南大陆最大的山脉——戴云山脉[1]。浙江、福建和广东的沿海城市都坐落在这条山脉的东边，最北边的城市是浙江的杭州和温州一带，到了最南边，就是潮州和汕头。这三个省的沿海城市，几乎都是由流经这条山脉的河流在漫长的岁月中冲积而成的，在文化上也总能找到一些共通的地方，其中最显著的特点就是华侨群体数量都很庞大。但理论上，丘陵和滩涂很难诞生农耕文化，而浙江、福建同为沿海地区，却只有潮汕地区嗜牛如痴。

1　戴云山脉
斜列于浙、闽、粤三省沿海的山脉，主体坐落于福建省境内，从东北到西南由一系列似断而实连的山体组成，包括浙江省的天台山、括苍山、雁荡山和闽浙边界的洞宫山，福建省的太姥山、鹫峰山脉、戴云山山脉和博平岭山脉，以及广东省境内的莲花山山脉。

老陈把三个功夫茶杯注满茶汤，自己端走一杯一饮而尽，才慢悠悠开口道："你知道我们潮汕挨着梅州吧，梅州是客家人聚居地，这些从中原地区过来的移民有农垦的基因。以前公路还不多的时候，梅州人就顺着韩江下来到我们这边做生意，先把牛肉丸带了下来，后来慢慢又有了牛肉。我觉得潮汕人吃牛，就是这么来的。"

这种解释符合常识，至少证明了潮汕人吃牛的历史不过一二百年。成书于1749年或稍前的《儒林外史》里说，当时朝廷禁止宰杀耕牛，还引发了一起由50斤牛肉引发的命案。同样是在这本书里，那个不敢给中举的范进吃牛肉汤的县令，就来自潮州。

老陈接着说，现在潮汕的牛肉大多来自云贵川地区，"你看云贵川产牛，也流行吃火锅，但牛都跑到我们这边来了，就是因为他们吃牛没我们讲究。"解释潮汕人吃牛的流程是老陈的强项——他另一个身份是"潮汕牛肉火锅团体标准"的发起人。"都是吃牛，潮汕人和他们的不同之处，第一是杀牛要先放血，这样切好的牛肉呈鲜红色，而且吃起来口感清爽；第二是要挑吃草的牛，而不能选所谓谷饲的牛，因为草饲牛的脂肪是奶黄色，谷饲的则惨白。"

但这种对牛的认知，并不是因为潮汕人宰杀牛的经验丰富累积而成，反而是因为这里最初可以吃的牛太少。老陈说，在还有生产队的那个时代，只有生病或者老得不能下地的牛，才被允许宰杀。那些牛肉又硬又柴，但很金贵，所以只能给有名望或者有地位的人吃。这些人大多年纪偏大，所以厨师解决肉质问题的办法就是，把肉切成极薄，用清水稍余就放入口中。后来人们又觉得味道不够浓郁，就开始蘸当地流行的沙茶酱。他说这是潮汕牛肉火锅的雏形。

当人们吃得多了，就发现各个部位吃起来口感略有区别，于是当地人又用解剖学的理论，给牛不同部位的肉起名字。"所以，是你们规定了不同部位的肉下锅涮 8 秒还是 12 秒的吗？""真的不是，定义这种吃法的肯定不懂牛。比如三花趾和五花趾，那是牛腿的肌肉，如果只烫几秒，里面的筋还是硬的，要烫一分钟以上，那肉吃起来才会糯中带脆。看到烫十几秒就吃的人，我都心疼那块肉。"

抵达潮州的时候暮色已晚，车到府城外就被堵得水泄不通。为了看一眼夕阳下的广济桥，我赶紧把车停在两公里外的绿榕北路，然后走路进古城。没想到，城外堵车，城内堵人。之前在潮州认识的做手拉壶的朋友跟我抱怨："这里就几个牌坊几条街，我们几年都不去一次，想不通你们跑过来干吗。我们都想去你们广州、深圳赚钱，是没办法才待在这里。"表达这种情绪的不只有这个朋友，指挥我停车的保安、茶叶店的老板，好多人都这么说。

想走，但没走成，所以只能在潮汕子承父业。我不知道这是不是潮汕地区的历史文化得以保留得这么好的原因。不过我相信，他们虽然嘴上这么说，内心对这里还是有感情的，或者说比较认同潮汕人的处事方式。比如曾在潮州干了 8 个月刺史的韩愈，虽然只在这干了四件事（带来中原文化、发展教育、解放农奴、驱赶鳄鱼），但今天潮州人把山和水的名字都改成了韩氏（韩山、韩江），甚至于把街道、树木和学校也纷纷冠以韩姓——以如此极致的方式去怀念一个人，谁敢说潮汕人冷漠。

而从某种程度上来说，潮汕如今在文旅界的口碑，也源于这里的风物数之有典。牛肉火锅有，让人上头的生腌也应该有。

从古城钻出来，我在路边随意选了一家小小的牛杂粿条店坐下，老板娘笑脸盈盈地走过来，喊了我一声"靓仔"。她没有立刻让我扫码下单，而是挨个介绍牛杂的各个部位，然后让我"点个小份的就行"。趁着她烫粿条的间歇，我走到路边抽烟，看到周围有好几家生腌店，就问坐在路边泡功夫茶的老板哪家好吃。老板来了兴致，随手指了一家50米开外的生腌店，说那家可以自己搭配各种海鲜，还建议我不用专门去店里吃，"去打包回来和牛杂粿条汤一起吃，会感觉比较好"。我惊讶于潮汕人的生意经，他们懂得让自己和身边的人都能赚到钱，且赚得心安理得，客人掏钱也掏得心甘情愿。

潮汕生腌螃蟹

在中国漫长的海岸线上，流行生腌这种吃法的只有潮汕地区。卖生腌的人告诉我，以前潮汕渔民多，出海捕鱼时捞上来一些刚刚被渔网压死的海鲜，舍不得丢，又来不及吃，就会拿点粗盐腌一下，然后用料酒、大蒜、鱼露这些调料泡着，等到忙完了就可以吃。这种因为漂泊而出现的加工方法，如今成了潮汕美食的另一块招牌。

如果牛肉属于大陆文化，生腌就是纯正的海洋文化的产物。从开元寺到新桥路不到500米的路段上，开着将近10家卖生腌的料理店，有些像是川菜馆里单独开辟出来的凉菜档口，有些就像路边的奶茶店，腌料放在玻璃柜台，客人点什么老板就做什么，然后装在塑料盒子里。我找了个路边摊，老板娘说生腌其实不难做，但腌的时间长短是影响口味的重要因素。"比如海虾，刚腌的时候虾肉还是硬的，过一阵子才会变脆，但这两个阶段都不好吃。要等到肉变得软糯，就是腌到最佳时间了，再久就会变得太咸。"我手里的这份显然就腌了太久，但被大蒜末和鱼露激发出来的鲜咸味道，搭配清淡口感的牛肉汤，又显得阴阳调和，相得益彰。

一牛一鱼，就这样撑起了潮汕美食的两块招牌，让人想起杨衒之在《洛阳伽蓝记》里写的南齐人王肃在北魏洛阳发生的饮食冲突的故事。王肃在洛阳不吃羊肉，下饭用鲫鱼羹，喝茶而不喝牛羊奶。但过了几年，孝文帝和他一起吃饭的时候，发现他的饮食习惯变得本地化了，就好奇地问他："卿中国之味也，羊肉何如鱼羹？茗饮何如酪浆？"用王肃的回答来解释当下潮汕融合的饮食文化再合适不过："羊者是陆产之最，鱼者乃水族之长。所好不同，并各称珍。以味言之，甚是优劣。羊比齐、鲁大邦，鱼比邾、莒小国。"如果把齐、鲁大邦比喻成广袤的内陆，邾、莒小国就可以看成如今的潮汕地区了。

part 02

英歌舞与营老爷：潮汕的人与神

赶到汕头的时候才下午3点多，距离晚饭时间还早，我决定把车开到澄海区的海边发个呆。如果地球是平的，在那个海边能看到我国的台湾省和菲律宾的拉瓦格。

经过上头村的时候，突然被一阵鞭炮声和锣鼓声所吸引。走近一看，一串数米长的鞭炮正缓慢升到空中，"梁山好汉们"和敲锣打鼓、肩扛花篮的童男童女已经排成一队……我竟然就这样偶遇了一场英歌舞表演。

现场看英歌舞的感受，值得用"震撼"两个字来形容——敲锣打鼓加上鞭炮声，震耳欲聋。视觉画面同样令人印象深刻，你可以跟随队伍，和表演的人群绕着整个村子巡游，每当走到宗祠或庙堂前，人群就开始跳起英歌舞，没有对讲机或者大喇叭指挥，大家却默契十足，每个人都知道在什么时候要干什么事，并且全情投入。虽然明知是表演，但隆隆的鼓点伴随"哼哼哈嘿"的口号，还是让人心潮澎湃。

在英歌舞现场，我问其中一个小伙子："是每个村都这样跳吗？""对啊，每个村都有这个传统。我们有时候也要去帮隔壁村跳的。"

以前一直很好奇，为什么潮汕地区的春节民俗中，最"出圈"的不是从海洋文化中衍生出的拜妈祖，而是以中原地区明清时期的梁山英雄故事为蓝本的英歌舞？在汕头从事文艺研究的朋友告诉我，是因为潮汕人"讲忠义"。他说在汕头潮阳区，甚至还有纪念唐朝反抗安禄山的两位将军张巡和徐远的庙堂。"那场战役发生在河南商丘，跟潮汕完全没有关系，但因两位将军的忠义之举而被潮汕人纪念。英歌舞或许正是跟这样的忠义文化有关，这也比较契合潮汕地区不注重个人英雄主义，而比较强调宗族部落的特点。"

如果结合潮汕的地理位置看，会发现詹姆斯·斯科特（James C. Scott）那本《逃避统治的艺术》里的观点实在精妙。作者指出，一个国家或者地区的边缘之地，其文化通常与中心文化大相径庭。在这些地方生活的人，通常在生产习惯和亲属结构方面有着极强的认同感。这是因为在早期，他们是为了远离朝廷控制而选择生活在边缘地带，使得君权和税收等制度的管辖，难以轻易抵达这些群族或者部落。随着近现代交通的发展，地形的阻力逐渐减少，这些原本强调自我管理的地区便慢慢融入了主流文化。这么说来，倘若不是高速公路、高铁和通信网络的快速触达，潮汕或许仍旧默默无闻。

现在，在这个边陲之地，人们仍然秉持着尊重多元的价值观。就像英歌舞的魅力并不来自某种公认的地位或价值，而在于潮汕人心里彼此契合的直觉与默契。

在他们的传统观念里，英歌舞只是个引子，梁山好汉的出场是为"老爷"（潮汕文化中的神明）开路。正月期间，潮汕每个村都要把庙堂里的"老爷"请出来绕村一周，祈求来年丰收安康，当地人称为"营老爷"。最常见的"老爷"是三山国王（三个神仙），相传这三个异姓兄弟因为帮助隋朝皇帝入主天下而开始被崇拜，之后流行于唐宋时期。历史上，当南宋首都临安（今杭州）局势不稳的时候，宋帝赵昰和弟弟赵昺在元军追逼下，由张世杰护卫沿着戴云山脉一路撤到潮州，成为这座城有史以来抵埠的第一个皇帝。此后赵昰在惠州流亡时去世，张世杰带着幼帝赵昺撤到崖山，与元军大战一场后，突围无望，投海殉国，潮州也被元军放火屠城。随着南宋灭亡，忽必烈雄霸天下，"营老爷"便逐渐在中原地区淡化、消失。

现在潮汕地区的"营老爷"，在形式上绝对与宋朝以前的形式不同。在如今潮汕人的神鬼观念里，三山国王也保佑过张世杰带着皇帝突出元军包围，而投海和放火屠城，就对应着今天"营老爷"时的"水浸"（将神像扔进河中）和火把巡游（抬着神像、举着火把在村里巡游）。许多看客担忧揭阳地区的"营老爷"仪式中暴力元素过多，但当地人认为，这是为了记住当年南宋王朝是如何覆灭的。

无论如何，在如此漫长的朝代更迭里，这一叙事被山海尽头的小地方潮汕保留了下来。因此，虽然潮汕的语言文化与中原地区差异显著，却仍旧保留着唐宋时期的生活方式，结合斯科特的理论来看，这一现象就显得顺理成章了。

part 03
自大陆尽头出发，走向四海的『胶己人』

汉字"汕"由水和山组成，"汕头"的字面意思就是山海的尽头。不少潮汕先人自临安避难而来，在数百年繁衍生息中，潮汕地区的人口不断增加，人地矛盾开始加剧。

作为大陆尽头，与之相接的大海实际上算是海路的起点，潮汕人多少有点像村上春树所说的"海边的卡夫卡"。移民成了近代潮汕人新的身份特征，而借由移民保存的生活习惯，比如众多海外潮汕人仍然坚守的祭祀和宗祠文化，或许比潮汕本地更为本真。

比如马来西亚柔佛的新山和新加坡也都供奉着三山国王，不少东南亚国家的潮汕人每年都在当地操办游神活动。马来西亚华人莫家浩2025年出版了一本新书《臆造南洋》，书里介绍，每年农历正月廿一是新山华人最盛大的节日，游神活动的庆典也会达到最高潮。他特别强调，柔佛的古庙已经有150年历史，所以游神的活动也被传承了150年。

19世纪中叶，也就是晚清时期，时局动乱，不少潮汕人纷纷下南洋或者逃往香港躲避战争、谋求出路。主权国家的概念普及要到二战之后，那时候的移民则主要是出去讨生活。莫家浩说，随着大量华人移民到马来亚（Malaya）寻找工作机会，他们也带去了宗教信仰、文化和习俗，包括对神明的崇拜。以柔佛为例，在原本三山国王信仰的基础上，来自不同地区的华人移民还供奉起了天后娘娘、观音、关公、土地公（大伯公）等神明。

此后在马来亚的日据时期，当地华人为了保持团结，每年的游神活动都会由来自中国沿海5个不同地区的人一同举办，供奉5座不同的神明出游——"海南帮"扛赵大元帅像、"广州肇庆帮"扛华光大帝像、"客家帮"扛感天大帝像、"福建帮"负责洪仙大帝像、"潮汕帮"则为元天上帝像"护驾"。这让海外华侨在游神的过程中实现"人神一体",从而实现高效的帮派或者宗族自治。

除了在东南亚地区,定居香港的早期潮汕移民也传承了这样的宗族文化,在早期香港电影里逐渐演化成帮派文化,从而让香港更有江湖色彩。更不用说,香港有这么多潮汕籍明星,在相当长的时间里影响着珠三角甚至整个内地的娱乐文化。岁月流转,如今活跃在粤港澳乃至更远地区的潮汕人,用一句潮汕话来说,仍然都是"胶己人"(自家人)。

我又想起那天早上挪车时感受到的那个潮州,远不如夜晚的潮州活色生香。有人说早上热闹的城市,人们大多勤劳本分,因为早起做饭过于辛劳;而热衷夜生活的城市更加有江湖气,因为人们常常相见恨晚,要把酒言欢。潮汕人是属于夜晚的,也是属于江湖的,他们虽然嘴上说着想离开,但都为自己是潮汕人而自豪不已。

彭城王后来刁难把羊说成是陆产之最、鱼是水族之长的王肃,不看重齐、鲁大邦,却爱邾、莒小国。王肃对答道,因为是故乡,不得不爱。

马来西亚槟城街道 📷 Yaopey Yong

马来西亚华人在春节期间表演南狮 📷 Paul Maguire

还能这样玩？

A 在香港爬爬走

01 麦理浩径路线

注意事项

▶ 沿途补给点间隔较远，且部分士多店（杂货铺）仅收现金，建议随身携带少量港币应急。
▶ 部分山路段信号较差，重要导航信息需提前离线保存。

路段	路线	距离（公里）	用时（小时）	难度	起始—结束标距柱
一	北潭涌—浪茄湾	10.6	3	★	M000—M020
二	浪茄湾—北潭凹	13.5	5	★★	M020—M048
三	北潭凹—企岭下	10.2	4	★★★	M048—M068
四	企岭下—大老山	12.7	5	★★★	M068—M094
五	大老山—大埔公路	10.6	3	★★	M094—M115
六	大埔公路—城门	4.6	1.5	★	M115—M124
七	城门—铅矿坳	6.2	2.5	★★	M124—M137
八	铅矿坳—荃锦公路	9.7	4	★★	M137—M156
九	荃锦公路—田夫仔	6.3	2.5	★	M156—M168
十	田夫仔—屯门	15.6	5	★	M168—M200

麦理浩径是香港首条长途徒步路线，1979年启用至今仍是粤港澳户外行的标杆。这条全长100公里的徒步线共分为十段，东起西贡，西至屯门，横跨八个郊野公园，沿途可欣赏到海滩、山脉、丛林和溪涧等多种自然风貌，曾被《国家地理》评为"全球20条最佳行山径之一"。

麦理浩径的十段路线难度各异，适合不同水平的徒步爱好者。其中第二段因串联山海精华成为入门者的首选：从浪茄湾起步，翻越西湾山可见火山岩柱形成的六角形岩柱崖，行至咸田湾能在洁白的沙滩上尽情享受日光浴，13.5公里山路与沙滩交替的路况对新手相对友好。体力充沛者可继续沿着北潭凹方向前行，行至第四段的昂坪营地后，可以在临海草地上与散养的黄牛共赏四面海景。在第八段翻越香港最高峰大帽山时，记得俯瞰香港城市全景，此段还有大小瀑布群景观。

麦理浩径虽处香港，实际早已成为大湾区户外圈"说走就走"的选择。持港澳通行证从深圳福田过关，乘坐两小时公共交通即可抵达起点北潭涌。路线内每隔500米就有标距柱定位来确保安全，沿途也有多个补给点，配套十分完善，方便徒步者随时调整行程。

撰文 / 等等　　编辑 / 徐晨阳

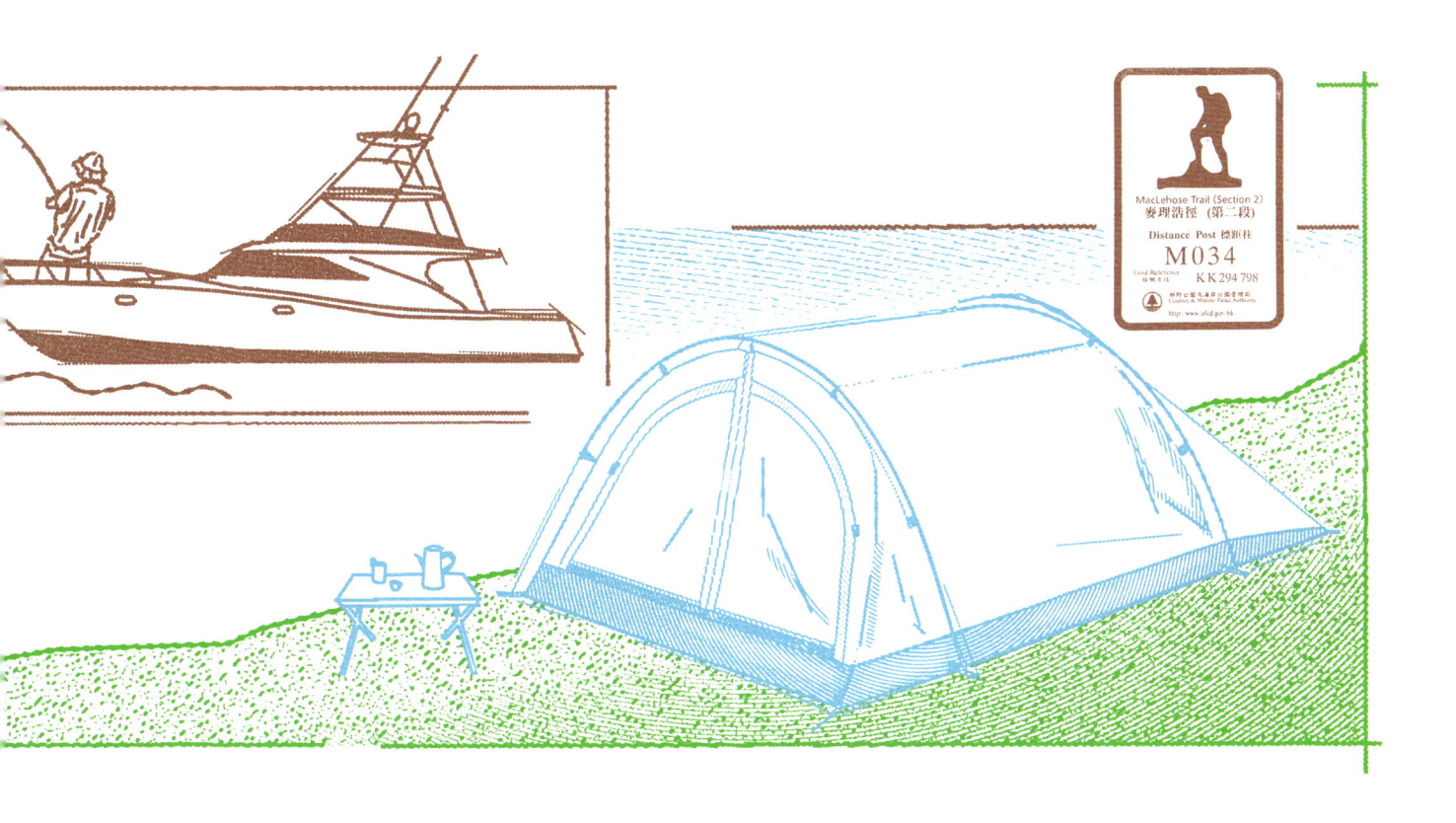

02
石澳龙脊路线

注意事项

▶ 全程仅终点大浪湾有补给点，建议携带足量的饮用水，夏季需防范无遮阴山脊处的暴晒。

▶ 部分林间路段偶有蛇类出没，结伴而行更安全。

石澳龙脊路线是香港经典的短途徒步路线，被《时代》周刊评为"亚洲最佳市区远足径"。这条全长 8.5 公里的路线起点位于香港石澳道的土地湾，终点至大浪湾，因靠近市区且景观集中，是粤港澳地区"一日往返"的热门目的地。全程以山脊路径为主，徒步需 3~4 小时，整体难度不大，适合大多数户外爱好者。

路程的前半段需攀登至 284 米的打烂埕顶山，裸露的山脊如龙背般起伏，正是路线中"龙脊"名称的由来。山顶视野开阔，向下可俯瞰石澳湾沙滩与赤柱半岛历史建筑群。幸运的话，沿途还能发现赤麂、豹猫等野生动物的踪迹。下山路段多为林间土路，直通大浪湾冲浪海滩，夏季徒步结束后可在此体验冲浪运动。若有余力也可步行至附近的石澳村，村内彩色的房屋、街道让其成为《喜剧之王》等多部香港电影的取景地。

B 出海、宿海、听海

推荐地点

📍 海钓地：
珠海万山群岛、深圳南澳东涌

📍 沙滩露营地：
深圳西涌沙滩、珠海东澳岛

📍 海滨活动：
珠海城市客厅海滨泳场（珠海沙滩音乐节）

在粤港澳这片充满活力的海岸上，海滨玩法不只有传统的踏浪戏水。这里既有现代都市的多元便捷，又保留着海洋自然的原始魅力，从海钓静候到音乐节狂欢，每处海岸都藏着独特的打开方式。

若想深度体验海上项目，海钓是不二之选。清晨乘船出海，在珠江口或外伶仃岛附近抛竿，既能感受石斑、黄鳍鲷等鱼类上钩的拉力，又能独享海上日出的美景。结束海钓退回到海滩，一晚沙滩露营适合家庭或好友小聚，支起帐篷围炉篝火，享用刚钓上来的海鲜，别有一番滋味。若偏爱热闹，每年秋季的海滨音乐节便不可错过，舞台的音浪与海浪共鸣，音符与海风交织，足以构成海岸旅行的独特狂欢记忆。

福建跳岛线

海岛、海神

与远洋帆影

撰文/陈炜霖　编辑/相楠、徐晨阳

福建，位于我国东南，与宝岛台湾隔海相望。这片土地的陆地海岸线长达 3 752 公里，其曲折率高达 7.01:1，居全国首位。所谓曲折率，是指海岸线实际长度与两端点直线距离的比值。这一数值越高，海岸线的复杂程度就越高，形态也越为蜿蜒曲折。拥有众多港湾、半岛和岛屿的福建，天然具备优越的交通和海产资源，形成了独特的海洋生态与文明。

踏上福建海岸之旅，你会在寺庙土楼与大厦游轮之间，感受古老与现代的对比；在海滨与茶园之间，领略山海的不同风情。福建不仅有浪漫的"蓝眼泪"海洋自然奇观，更有海上丝绸之路的历史遗迹。

对大海的探索不取决于技术而是源于勇气，面对无边的海域和变幻的风暴，福建人在千百年间锤炼出了一股闯劲儿。曲折的海岸线是自然的馈赠，也是自然的考验，但妈祖说可以，便是天险也可以。

平潭岛劳作归来的渔民　吴覃

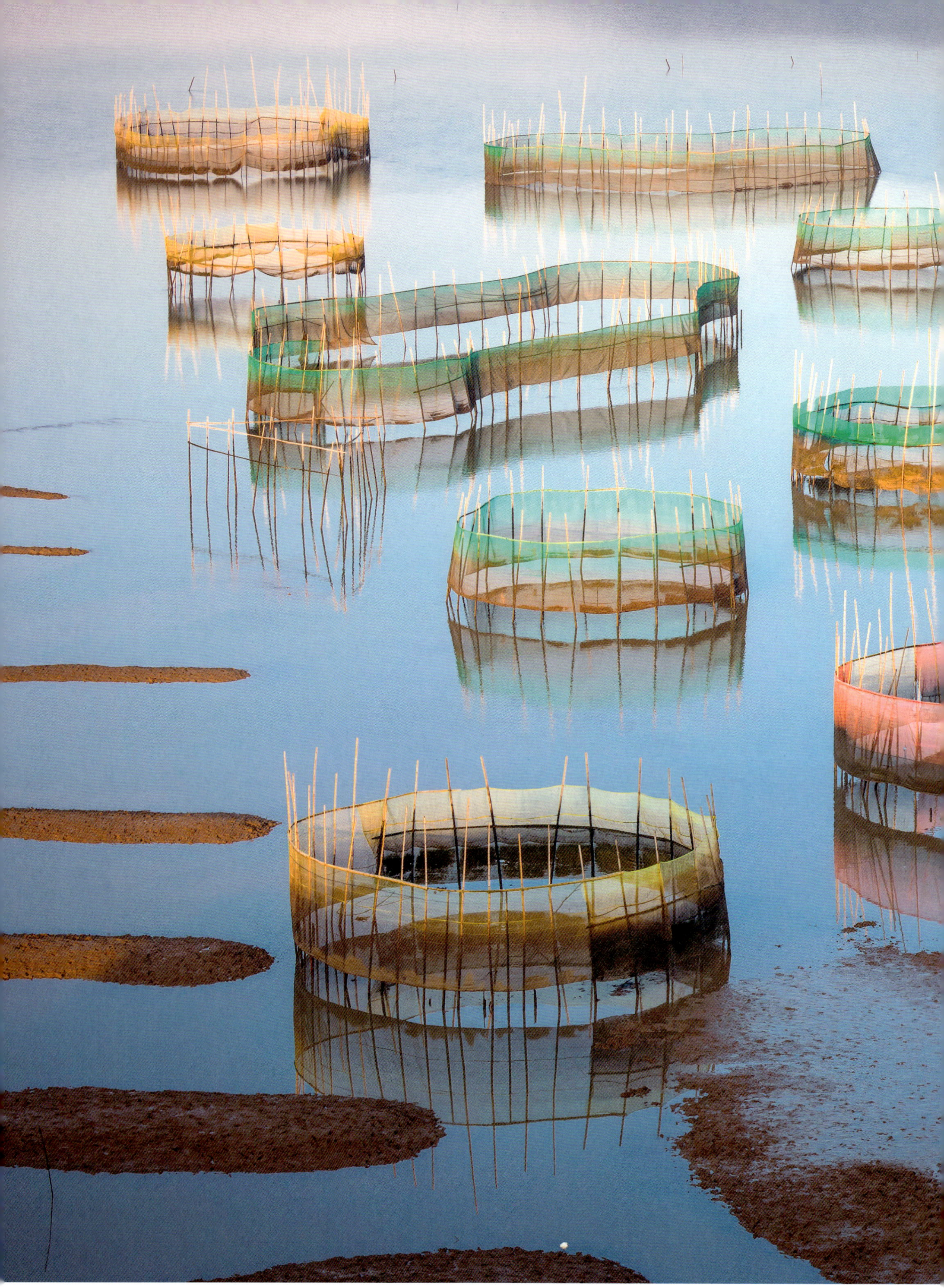

错落遍布在霞浦滩涂上的海蟹养殖围网　Inge Johnsson

途经城市

宁德市—福州市—莆田市—泉州市—厦门市—漳州市

推荐景点

宁德市
嵛山岛、四礵列岛、太姥山、北岐滩涂

福州市
平潭岛、三坊七巷、西禅古寺

莆田市
湄洲岛、南山广化寺

泉州市
蟳埔村、开元寺、石狮黄金海岸

厦门市
鼓浪屿、黄厝沙滩、沙坡尾

漳州市
东山岛、双屿岛、南碇岛

推荐时间

3月—11月
(7月—8月是台风季节，需提前查询当地天气)

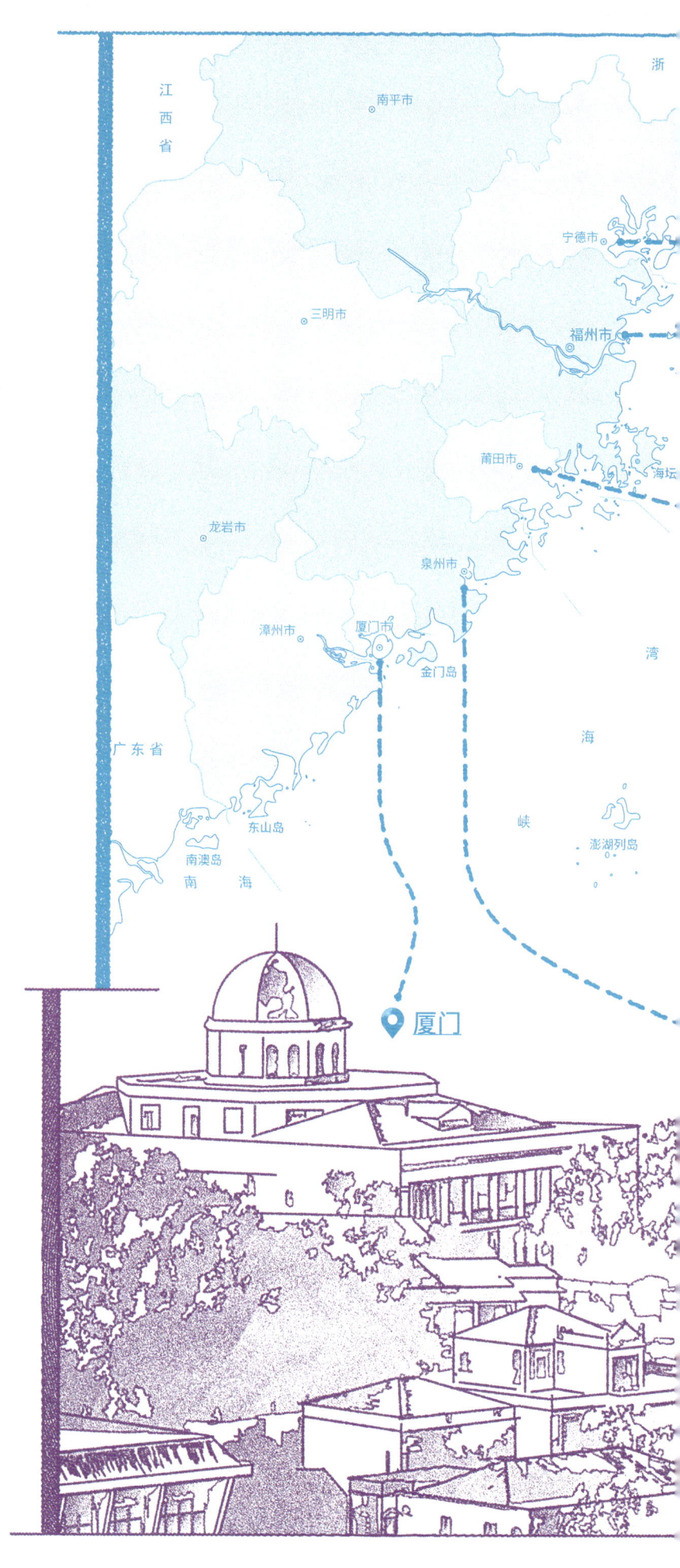

宁德

黄尾屿
赤尾屿
钓鱼岛

台湾省
台湾岛

福州

泉州

莆田

● 福建海岸路线

陈炜霖　　〇 福建人，生活在厦门。任职于自然资源部第三海洋研究所。

奇特地势下的自然生态

福建省的轮廓形似斜长方形，地势总体呈现西北高、东南低的态势，山地和丘陵占全省土地面积超过80%，素有"八山一水一分田"之称。因纬度较低，这里的沿海地区属于亚热带海洋性季风气候，冬无严寒、夏少酷暑、暖热湿润，各色植被生长于此，形成了独特的生态系统。曲折的海岸线为福建带来了丰富的海岛资源，也让生活在这里的人们形成了特殊的生活方式。在星罗棋布的2 000多个海岛之间，人们习惯伴着夜幕在船上食用现捉的海鲜。虽然都是海岛，其形成原因和地貌环境却大不相同：鼓浪屿、平潭岛为基岩岛，东山岛是冲积岛，而嵛山岛和南碇岛则是火山岛，不同的基底带来了多样的自然景观。

嵛山岛是福建宁德东南海域的一座小岛，其地质形成与晚中生代的火山活动密切相关，环岛沿岸礁石在长期风力和海浪的冲击下形成了独特的海蚀地貌。乘船从宁德的三沙码头出发，经过40分钟的航程便可到达嵛山岛。该岛在古代被称为福瑶列岛，"福瑶"二字，寓意着这片土地是"福地"与"美玉"的化身。夏日登岛，可见翠绿草场绵延，与蓝天白云交相辉映。岛上有两个天然湖泊被称为"大小天湖"，即使在最干旱的时节也不会干涸。大海的壮阔、湖泊的宁静与草原的广袤完美融合于这一小岛之上，成为无数人心中的理想之境。

如果对火山地质感兴趣，漳州的南碇岛也值得探访。这座岛屿位于福建省漳州市漳浦县东南方向，距离海岸约6.5公里，原本是大陆上的火山，因地质沉降与海平面上升成了孤岛。岛上遍布140万根密集排列的柱状玄武岩，如黑色利剑般高耸的石柱群，仿佛凝固的瀑布垂坠入海，构成了全球规模最大、保存最完整的玄武岩石柱奇观。由于南碇岛属于无人岛且生态脆弱，因此禁止私自登岛，游客需要在专业船家带领下乘船绕岛观赏。

多基岩陡岸的四礵列岛
📷 TSUNAMI

△▽ 嵛山岛上的天湖与草场
📷 蔡修垚

南碇岛的黑色玄武岩石柱群　📷 Mona

与海岛峭壁嶙峋的景色不同，滩涂的风光则显得尤为静谧。位于霞浦县三沙镇的小皓沙滩是霞浦滩涂风光的代表之一，每年都吸引无数摄影师前来拍摄。这里的沙滩主要由细腻的沙构成，滩涂面积广阔，每当潮水退去，水道在夕阳余晖下宛如滩涂的金色动脉。附近村落的渔民也常在此赶海，每逢退潮便提着工具下滩涂劳作。

为了方便滩涂养殖和赶海，霞浦人会在滩涂垒筑矮堤，涨潮时，露出水面的部分便形成了独特的景观，被称为"海面上的甲骨文"
📷 Hemis

海湾在福建曲折的海岸线怀抱里摇曳着波光。南门湾位于漳州东山县铜陵镇东南面，是一处月牙形海湾，旧时被称为"天池"或"南溟"。洁白的海沙、蔚蓝的海水与岸上淳朴的渔村相映成趣，使其成为多部影视作品的取景地，也是众多游客的热门打卡胜地。南门湾依山傍水，后方倚靠着拥有600多年历史的铜山古城。漫步其间，既可远眺海色，又可近观明清古厝与城墙，感受古街的岁月风情。夜幕降临时，南门湾的村落里灯火通明，在海边一边品尝海石花甜汤和炸五香卷，一边吹着海风听着涛声，别有一番风味。

平潭岛的"蓝眼泪"
📷 Bella

如果在春末夏初的夜晚到访，福建海岸还会有"蓝眼泪"景观，海浪拍岸时会泛起幽幽蓝色荧光。这是夜光藻与海萤在海浪、潮汐或人为扰动的刺激下，体内的荧光素发生氧化反应释放出的蓝光。"蓝眼泪"的出现受水温、风向、潮汐等多重因素影响，因此"追泪"更像一场浪漫的冒险。每年的4月至8月是福建"蓝眼泪"的高发期，当出现南风天、空气湿度大、海水中藻类密度高时，不妨去海边碰碰运气。

福建多样的海岸带类型，也带来了丰富的海洋生态。在这片海域中，中华白海豚在宁德三都澳至东山湾间巡游，甚至在厦门岛周边也可见其身影。厦门人对白海豚有着特殊的情感，传说古时一位渔姑在捕鱼时不慎落水遭遇鲨鱼袭击，危急时刻正是白海豚群迅速潜水而来，成功救起了渔姑。从此，白海豚在厦门人心中拥有了一个温馨的称呼——"镇港鱼"。

福建还是"东亚—澳大利西亚"候鸟迁徙线路的关键节点，每年春秋迁徙季，数十万只候鸟都会经过这里，是许多观鸟爱好者的天堂。闽江河口国家湿地公园位于福州市长乐区潭头镇与梅花镇交汇处的闽江入海口，是福建省首个国家级湿地公园，承载着重要的生态使命。

古老的
海洋居民

福建的简称"闽"最早出现于周朝，当时，福建被称为闽越。秦始皇二十六年设置闽中郡，治东冶（今福州），从此福建作为一个行政区划出现在中国的版图上。但人类在此的足迹远比文字记载更为悠远，早在新石器时代，福建地区就已经有人类活动的踪迹。平潭的壳丘头遗址群是目前福建沿海发现的最早的一处新石器时代贝丘遗址，遗址中出土的梯形小石锛形态小巧，可能是用于制造舟楫的工具，这些发现是早期人类跨越浩瀚大洋、进行英勇迁徙的宝贵物证。

福建沿海还被科学界认为是南岛语系族群的起源地。南岛语系是目前世界上唯一一种主要分布于海岛之上的语系，其分布范围东起太平洋东部的复活节岛，西接印度洋的马达加斯加，北抵夏威夷和中国台湾，南至新西兰。近年来通过对古DNA的研究表明，南岛语系族群的祖先可追溯至约8 400年前的福建沿海地区，福建作为其起源地之一，亦是海洋文明的重要起点。

海洋不仅影响着生态、传播着语言，还塑造了人们独特的衣食住行方式。在自然资源丰富的海滨地域，衣食易得无须担心，安全的住所便显得格外重要。平潭岛上的石头厝拥有数百年的历史，是中国沿海保存较完整的石厝群。由于岛屿处于"风口浪尖"，常年受台风和风沙侵袭，岛上先民们便利用当地的花岗岩建造出低矮、厚墙、小窗结构的房屋，屋顶覆盖瓦片并以石块压边防风。如今，许多石头厝已被改造成民宿，供游客体验这独特的居住环境。

泉州蟳埔村是古代海上丝绸之路的重要港口，昔日这里往来着满载货物的中国商船，船商们常用生蚝壳作为压舱物。这些蚝壳随着商船跨越重洋抵达蟳埔村后，被当地人混合砖石、三合土砌墙，建起了特色的"蚵壳厝"房屋。灰白的蚵壳与花岗岩、红砖相互映衬，形成了独特的在地风景。

蟳埔村的"蚵壳厝"房屋
📷 阿根

在泉州以南不足100公里的厦门，不仅有着繁华的都市风貌，更以其浓厚的历史文化氛围吸引着游客。从厦门市区乘坐大约10分钟的渡轮便能抵达鼓浪屿，这座小岛因多元的建筑风格著称，有"万国建筑博览"之名。鼓浪屿曾是海外华侨的聚集地，侨胞们带来了风格多样的西方建筑风格，从古希腊、古罗马到英国维多利亚时代的建筑样式，都在这里得到了很好的体现。岛上的红砖古厝，则以其标志性的红砖墙、红瓦顶和燕尾脊为特征，体现了闽南民居的传统特色。

134

鼓浪屿的传统风貌与对岸的现代城区构成了厦门独特的城市气质
📷 Devil

海洋贸易
枢纽

福建东侧的台湾海峡是连接东海与南海的重要水道，其地理位置在古代海上贸易中具有重要的作用。古代福建沿海渔村和港口是海上丝绸之路的重要节点，汉代在福州设东冶港开展对外贸易活动，彼时东南沿海的郡县向中原王朝进献贡品及开展贸易多经由福州中转，使其成为重要的贸易枢纽。唐末五代时期，福州开辟甘棠港，扩大了与东南亚及阿拉伯地区间的贸易往来。宋元时期，泉州港成为"东方第一大港"，聚集了世界各地的商人，成为东西方文化交流的重要平台。

随着大航海时代的到来，福建沿海的贸易活动越发频繁。明朝中后期政府虽推行了严格的海禁政策，但民间走私贸易却悄然兴起。明万历年间，官员谢杰在《虔台倭纂》中指出："寇与商同是人也，市通则寇转而为商，市禁则商转而为寇。"这揭示了当时福建沿海贸易的复杂性。

月港，这个位于漳州九龙江边的小渔村，外通大海，内接山涧，交通便利。因当地政府管理松散，月港在明嘉靖末年发展为福建最大的民间海外贸易港。但同时，随着月港的兴起，明朝政府开始加强对沿海地区的管控，官商之间的冲突加剧。政府逐渐意识到海禁政策的弊端后，最终在隆庆元年（1567年）放宽政策，允许民间商人从月港出海贸易。这一政策的转变，标志着月港从违禁的走私贸易港口转变为合法的民间私商港口，也成为当时官方唯一认可的民间贸易口岸。这些港口与航线输送中国的瓷器、丝绸、茶叶等珍贵商品至世界各地，同时也运回海外的香料、宝石等珍品，促进了东西方文明的交流。

半城烟火
半城仙

福建民间信仰极盛，素有"三步一宫，五步一庙"之说。每至年节，福建人都要举行祭拜活动，神明数量众多，几乎每个村落都有属于自己的神，保佑着合境（神明庇护的范围）平安。据不完全统计，福建民间信仰的神明在1 000种以上。

福建沿海地区与海洋紧密相联，诞生了众多的信仰文化，以妈祖信仰最为典型。相传妈祖出生于莆田湄洲岛，自幼聪慧，具有预知海上风暴的天赋，常为出海渔民祈福，曾在一次暴风雨中奋力救回遇险的父亲和兄弟，后因过度劳累离世。其善行为后人所铭记，她被尊为"海上守护神"，也成为当地人的精神寄托。如今，福建沿海的居民在出海前依然会祭拜妈祖，祈求航行平安。湄洲岛上的妈祖祖庙现在已成为全球信众的朝圣地，每年岛上都会举办诞辰纪念等活动。

海神并非妈祖一人，在福州连江的黄岐镇，一年之中最热闹的时刻莫过于元宵节。这里的民众有着独特的庆祝方式——游海神。相传此地的海神为玉皇三太子化身，因救人触犯天条而遭斩首，其头像遗落在黄岐，民众感念其恩，故每年元宵仿制其头像巡游祭拜，以祈求海神庇护。游海神的活动从正月初二开始预热，正月十一正式在黄岐半岛巡游。每到一处，家家户户均备下丰盛贡品，焚香燃炮，虔诚祈愿新的一年出海顺利、渔业丰收。巡游活动一直持续到正月十七，乡民们会将海神迎至码头焚化，目送海神升天，至此这场充满仪式感的游神活动才正式落下帷幕。

除了妈祖与海神信仰，关帝信仰在福建沿海地区同样占据着重要地位。在漳州东山，民众尊称关公为"帝祖"，家家户户设香火供奉。东山的关帝庙是台湾众多关帝庙的香缘祖庙，每年都有大批台湾信众前来进香祭祖。此庙的前身——关王祠，建于明洪武二十年（1387年），当时朝廷为抵御倭寇侵扰、安抚保护官兵所建，后几经扩建、焚毁、重修，终于有了现在的规模。

△ 正月初十在福州长乐厚福的游神活动
📷 张国强

◁ 东山关帝庙建筑屋檐上的剪瓷雕工艺
📷 朱晓炜

一方水土
一方人

福建沿海地区依山傍海，得天独厚的地理环境孕育了丰富的海鲜资源，也造就了独具特色的饮食文化。福州人对鱼丸情有独钟，尤其是以鳗鱼、马鲛鱼等鱼类制作的鱼丸，是福州人心头难以割舍的美味。传说古时有一位渔夫在海上遭遇恶劣天气，无法按时返回岸边，他为了果腹便将捕获的鲜鱼剔骨取肉，用木棒捣成泥，再搓成丸子状放入锅中煮熟，意外的是这种即兴而制的食物口感弹牙且鲜美多汁。后来，随着制作工艺的精进和口味的广泛传播，鱼丸逐渐成为福州的美食名片。

福建人不会错过任何新鲜的海味。若你沿着厦门海边散步，能时常看到渔民们忙碌的身影。他们手提小巧的水桶，肩扛简陋的工具，弯腰弓背，在礁石间细心探寻，仿佛在挖掘宝藏。待走近细瞧，才见他们正小心翼翼地撬开礁石，取出一颗颗新鲜的牡蛎。这些肥美的牡蛎，正是制作蚵仔煎的灵魂所在。闽南人连滩涂泥滩中的星虫（又称土笋）也不会放过，相传郑成功作战时粮草紧缺，将士们只能挖掘星虫煮汤充饥，却意外发现隔夜凝结成冻的星虫汤尤其美味。这道被外地人视作"黑暗料理"的土笋冻从此在军中流传开来，成为闽南的特色美食之一。

福建的美食文化还与"面"紧密相联。卤面是源自莆田的传统佳肴，以猪骨高汤为底，加入牡蛎、蛏干、红菇、五花肉等熬煮，面条吸满汤汁，浓郁鲜香。不仅是当地人日常餐桌上的常客，更是婚宴、节庆等重要场合不可或缺的美味。其地位之重，以至于在当地流传着这样一句俗语："无卤面，不成宴席。"此外，泉州的面线糊、厦门的沙茶面也都有着各自独特的风味和故事。

福建为过节拜神而制作的特色饮食种类也不少。清明节时，福州本地会制作特色的糕点——菠菠粿，用菠菜汁和米浆做成青绿色的外皮，用枣泥、豆沙等红色食材作为内馅，寓意着春天的到来。而在莆仙地区则会制作清明龟，外皮用糯米和清明草混合制成，再以龟形木印压成龟状，象征着祖先灵气长存和子孙平安长寿。若旅程恰逢端午，北方的游客可以试试福建的特色粽子，福州的碱水粽、泉州的烧肉粽都值得一尝。冬至时，则可去厦门同本地人一起品尝姜母鸭，其由三年以上的老姜和正番鸭炖煮而成，具有驱寒祛湿的功效。待到年节、拜神等大日子，席面尤为热闹，这时候宗族里的男女老少都会聚在一起，餐桌上必不可少的太平燕、血蚶、封肉、八宝饭、佛跳墙等美食足以让人眼花缭乱、味蕾大开。

福建曲折的海岸线不仅带来了多样的海洋风光，也为沿海的人们提供了生存于海滨的基础。福建人民依海而生，也通过大海走向他们任意想去的地方，他们面对自然的勇气与敬畏，是景色之外的收获。游客来到这里，不必多言，自有感受。

138

深度阅读

在潮间带里打捞福州

夏缶
生活在福州的童话和散文作家，
有作品发表于《儿童文学》《Food&Wine》等。

从渔船卸下新鲜渔获
📷 晒海 saltstudio

了解一个城市最好的地方或许是菜市场，但如果是在福州，恐怕还得加上鱼市。

这里多的是随水流聚散的露天集市，入海口处的港口、内河的小码头、海边礁石林立的滩涂，甚至是市中心老小区门外一棵硕大的榕树，都可能成为一处吐纳海鲜的临时据点。

清早，深夜去外海捕捞的渔船随涨起的潮水一同滑入港口，大量渔获从甲板上卸下，分运至各市场码头及海鲜酒楼，更多的甚至来不及装车，便就地被守在港口的人瓜分殆尽，后来者闻到空无一人的潮湿地面上有腥气浮动，才敢确信这里曾有一场鱼市。人们逐鲜而来，提着兜子，推着电车，如水鸟般夹着胳膊提起脚，涉入这平地冒出来的小块人造海域，在一框框、一盆盆水光潋滟的渔获之间逡巡相看，目光中尽是对新鲜海味的挑剔和渴望。

海鳗、响螺、石斑鱼、九肚鱼、虾蛄、马鲛鱼，肥极了，在大塑料盆里鼓腮摆尾，

撰文 / 夏缶 编辑 / 徐晨阳

粼粼发亮。这些闽菜名馔的重要食材，或切片清炒白灼，或用红薯淀粉层层裹了下进油锅炸，再在本地黄酒、酱油汁和红糟卤里滚过，散发出无上香气。还有那些清早刚从滩涂边礁石上撬下来的牡蛎，被人从摩托车后座的车兜里捧出，堆在彩色的塑料篮里，肥白发亮，很快便被采买一空，拿热汤和蛏干一兜，撒上姜末和盐，便是能让街头早点摊和捞化店闻起来无比招摇的秘宝。

近海者善食海，没办法，福建人的海味底子，得天独厚。

纵观地形图，森林笼罩了福建省的大部分地区，城市只是夹在大块蓬勃绿林地中的小小灰黄盆地。武夷山、戴云山、太姥山等山脉绵延隆起，将大地割得散碎，平原就如小块苔藓，淡淡敷在近海处。山多地寡，传统的耕种劳作无法维系人们日常所需，所幸这里有一条长度惊人的陆地海岸线，总长3 752公里，有多处天然港口可供出航，省内亦有极为发达的内河水系与之相连，闽江、木兰溪、九龙江，滚滚向前，东流入海。从近岸处的滩涂、潮间带，到入海后的广袤水体，大海有如一座全敞式的宝库，向闽人打开，是造物者真正的无尽藏。

要怎么去形容海塑造了人们的生活呢？语言和饮食是最直观的证物，揭示了一个地方的人究竟过着怎样的生活。不必提这里有亚洲最大的海鲜批发市场，单是走进每家每户，就能看到堆满干货酱卤和海味库存。在福州，本地人将在闽江上打鱼这件事称为"讨小海"，而开着隆隆作响、吃水量巨大的机帆船到东海捕鱼叫作"讨大海"。中国人形容一份活计的甘苦，常常说"讨生活"，然而在此地，海就是生活。

"讨小海"的渔民
📷 吴覃

part 01

赶海寻味

采摘、捕捞、狩猎，是人类基因里不灭的生存本能，尽管当代人已离山海远矣，赶海却作为一种极具趣味性的野外生活实践，被都市人长久挂在心头，这实在情有可原。

赶海绝对是在海滨城市最值得推荐的"深度游"项目之一。滩涂是比港口和鱼市更接近大海的第一现场。还能有什么比将整个手掌插进软厚的、带着太阳余温的滩泥中，拔出一只如玻璃球那样滑润漂亮的三角蛤更快活的夏日体验啊！赶海几乎没有门槛，无非看好天气预报，选个晴好无雨的日子，剩下最要紧的，就是确定潮汐时间。各地港口的涨潮时间并不相同，但规律是每天会有两次，前后相隔 12 个小时。根据农历日期，初一和十五的涨潮时间是中午 12 点，每天大概推迟 48 分钟，可以此推算，当然更快速的办法是网络检索。

看准退潮时机，做好防晒，这就向大海进发！

退潮时的海好看极了。海风卷起泛着白沫儿的浪头层层后撤，仿佛有只无形的手在叠收地毯，露出大海柔软细腻的、沙瓤儿般的腹。然而，沙滩上留给人类的好东西并不多，只有豆蟹成群结队，像公园广场上的肥鸽群，一股股随着低矮潮涌横飞。想要徒手抓到这些小豆蟹可不容易，人来了它们就原地打洞逃跑，与其周旋纯属徒劳，得离沙滩稍远些，朝滩涂和礁石里去。

穿凉拖鞋赶海是不谨慎的。落潮后的滩涂并非铺满柔软细沙的巨大浴缸，其淤泥中掩藏着大量由沙子和海水构成的非牛顿流体，如沼泽般吞吃鞋子。得套着胶靴，最好是连体水裤，我的秘诀则是穿一双厚厚的、长及小腿肚的运动袜，再用鞋带紧紧绑好袜口防止脱落，然后像鹭鸶一般劈开两腿，斜插进滩涂中向前挪动，一旦感觉脚下过于松软就得赶紧退出一步另寻他路，否则陷进了滩泥中又得好一通折腾，流一身惊慌但快活的热汗。

没了厚胶底的阻隔，从鞋子里解放出来的双脚便是人体向下延伸的探测器，大海像《千与千寻》里的河神，腹内镶满海洋生物的遗骸，只有张开灵活的脚趾头缓慢行路，才能在充满细细碎壳的厚厚海泥里，踩到一块又一块圆圆发硬的青蛾（一种文蛤）。那是种比走路捡到钱还要盛大得多的快乐，好像双腿忽然跨过了千百年的社会发展进程，同前世那个擅长捕捞打猎的自己相认了。

在滩涂上赶海
📷 叶小梨

运气好的话，还能从滩泥里挖出蛏来呢！和网上常见的沙滩撒盐找蛏不同，真正规模养殖的蛏，都是由农民种在海里的。春节后，蛏农就得赶着时间点将蛏苗播进海里，像播撒菜种，等蛏子长成后再掐准大海退潮的时机，深入广袤的滩涂内部，把蛏子挖出。

蛏农挖蛏的时候，整个人大半截身子都要埋进深深的淤泥之中，动作像是刨别人家墙角，用水泥刮刀的一头铲开泥壁，露出布满蛏子呼吸孔的横截面，再用刮刀另一头快速刨泥，也有不耐烦的人直接上手扒。刨泥墙、揪蛏子、扔进盆，挖蛏这回事，说起来简单，一共就这三连招，但一定得力气大，且快准狠，否则蛏就会找准机会遁地逃跑。游客则没有这些讲究，毕竟也没有摸去海田里的门路，要是在浅滩处跋涉时感到踩住了一根硬而长圆的蛏子，便是逮住了逃逸者，喜事一桩，定要葱油兜熟，啤酒满上。

若实在不愿意弄脏腿脚，便要考较眼力。

5月初的滩涂上飘洒着草木屑和碧绿浒苔，那是泥螺最喜欢的食物。午后日晒最盛的时候，泥螺会出来觅食。它们是沙滩上最了不起的潜行大师，浑身裹满泥浆飞快蠕动，个头至大也不过两指粗细，不仔细找是根本辨认不出来的，唯有身后同蜗牛一样留下的晶亮行迹会出卖它们。稍稍练出一些眼力后，再去少量海水覆盖的泥滩处逮那些凸起的黄泥小鼓包，一捉一个准。泥螺的触感滑腻冰凉，并没有想象中讨厌，翻过身子还有橡胶垫一样雪白的、边缘透明的斧足。就近在海水坑里大致清洗后，露出半透明带灰白色花纹的薄壳，就是南方人常拿来配粥吃的小菜"醉泥螺"的样子了。

洗洗脚，穿上胶鞋，接下来我们要涉进潮间带，礁石群里的任务难度要比在滩涂中低许多。

海边的礁石在涨潮时被海水吞没，或只露出一点黑色的尖顶，并不显眼，剩余部分被深深埋在淤泥和厚沙里，只有退水后才会显露真身。如同传说故事中定时开启的海外宝窟，出水后的礁石浑身蕴藏大量宝物，光华灿灿，稍一留心就能发现。

比如海蛎子。这些鲜美无比的附岩贝类是一种个头极小的牡蛎，再胖也不过一节指头大小，但是肉质细嫩，绝无腥气，即使落潮后浮出水面，由于被泥沙包裹着，一打眼也很难看出其外壳和石头的区别，只有找到那些波浪线条一样的壳边，事情才会变得简单。采海蛎子时，最好能带上一把一字螺丝刀，刀的边缘要提前打磨，将薄而锋利的刀头插进紧闭的贝壳缝隙中，像攥着一把钥匙开门。拧动刀柄轻轻一转，海蛎子的闭壳肌承受不住外力，发出溃败的弹响，上片壳翘起，露出嫩肉和海水，这时再拿小刀在壳里轻轻剐下贝肉，丢进塑料桶，才算圆满完成了采集。勤快熟练的渔家，半天就能采四五斤上好的野生海蛎子，拿去市场兜售，是做福州名小吃"鼎边糊"的抢手原料。

海蛎子长在礁石的表面，石头底缝里则是苦螺的大本营。尤其暮春时节，气温升高，栖息在浅海区域的苦螺便会群集前往潮间带，在礁石之中繁殖，常在海边行走的人懂得，当春夏之交暖风拂面的时候，拾螺的最佳时机便到来了。

这恐怕是最简单的一项赶海活动。苦螺小小一枚，螺口呈灰黄色，外壳披洒黑色斑纹，浑身遍布大小不一的凸起，整日吸附在湿润的岩石底部，顾自走来走去，人不必费心去挖掘，只需反复检视石块底部，弯腰拾取便是。若你能停下来在原地安静等上几分钟，还能听到苦螺吐泡泡的声音，一阵又一阵，在海风中哔哔剥剥地升起又落下，好像有一口正在熬果酱的小锅坐在文火上吐息蜜糖。春天，陆地上花开鸟鸣，而苦螺吐泡泡，则是来自大海的春日声响。

唯有一条不能忘的，苦螺是海蛎子的捕食者，尤其从潮间带被撬下来的海蛎子，失去了外壳的保护，会完全任它宰割。因此两样必须分开存放，否则辛苦采集的好东西都进了苦螺的肚子里，到家岂不是要傻眼。切记切记！

凡此种种，都是些具有固定采集规律的小海鲜，另外还有许多随机出现的海货，零星分布在潮间带。比如吸附在石壁上的海云（一种可食用的灰色小海葵）和将军帽（一种很像鲍鱼的小型贝类）、隐藏在贝壳里的寄居蟹、被潮水冲进石洼的八爪鱼……甚至是昂贵的锯缘青蟹。大海的可能性无穷无尽，只是浮皮潦草地在海边走一下午，也会有不少奇妙的机遇。

part 02

食鲜之乐

赶海的终点自然是厨房，毕竟只有吃进肚里的，才算是真正的战利品。

青蛾养在盐水里，早晚一换，两天后泥沙吐净，在盆里伸出长长的水管招摇，吐出一小节雪白的肉，这是烧菜时机成熟的信号。

起锅烧开水，将青蛾配着老酒和姜片下进去烫，半分钟就捞上来。接着烧热葱油，趁香气大盛，把烫开的青蛾投进热油里，快快地兜上两下，均匀撒上小撮细盐拌匀，葱油青蛾就做好了。这是福州人家家户户都爱做的配粥小菜，简单灵光，香气扑鼻。要是不耐烦熬葱油，把青蛾的肉剥出后铺在蛋液里做海鲜蒸蛋羹也很好。颤抖的、光滑如镜的一碗蛋羹在水蒸气中凝固，细嫩又香甜，小时候想象过月亮的味道就该是这样，何况里头还埋着鲜美的青蛾肉。

至于从礁石上撬来的海蛎子，烧汤固然好，但它最好吃的方法应该是做成海蛎饼，只是方法上更加繁难些。

磨米浆、兑红薯淀粉、擦菜丝、洗紫菜、切肉末，即使是厨房熟手也得颠颠地忙上一小时，最后再架锅烧宽油，用来炸饼。使一把大圆勺子探进热油里烫热，填好料后，洒上海蛎子肉，再盖上米浆，嵌几颗花生，送进油里炸两分钟，就能得到一个金黄滚烫、香气喷发的油饼。那样的酥脆、焦香，符合完美炸物的一切特征，是所有福州人的乡愁，光是看它们在沥油篮里晾凉，就从心头涌起无尽的安慰、踏实。

泥螺浑身泥沙，难以洗净，要多多下盐，勤翻搅，一遍遍淘尽浊汁，再用清水养上两天，直到螺肉又白又透明，平平展展地在盆子里贴着，才算好了。

打捞的新鲜海鲜
📷 杜宇

144

浙江人喜欢把泥螺醉来吃，拿高度白酒和姜片、盐巴、生抽、白糖等翻拌腌制后，封罐保存，平日里拿来配稀饭。厦门人则偏好盐卤，一层泥螺，一层盐，层层码放均匀，最后用高度白酒封坛防腐，腌好的咸泥螺通常蘸着用蒜末和生抽调的料汁来吃。

我从小就吃不来醉泥螺、醉蟹之类的生醉海鲜，觉得这是高深晦涩的"大人味"，即使捉来泥螺，也只会老老实实热锅凉油，用蒜末、豆豉和干辣椒爆炒。炒好的泥螺，肉质紧缩，变得小而脆，衔在齿间，需要极富技巧地用舌头嘲挑，啜吸鲜香的汤汁，再把脆脆的斧足叼出来吃掉，虽然比不得有浓烈鲜味的醉泥螺，但对于品不来白酒香的儿童口味持有者而言，已经是极有滋味的吃法了。

或许做菜的法子各家自有不同，但此时烹调的乐趣不在于食物本身，而在于料理赶海所得。人在复杂的社会环境中百般浮沉，上浮透气的机会并不多，现实生活越冗杂，松弛、休闲等不必要之事也就越发变得微妙而奢侈起来。能够拥有一盆自己捡来的小海鲜是珍贵的体验，而吃下去的海鲜食物将成为记忆的书签，标记在心头时刻提醒：无论如何，海在召唤。

福州本地渔民将鲜鱼晒成鱼鲞
📷 Yijun GUO

深度阅读

寻找渔女

小样
福州人，本土饮食文化记录者。
以家庭饭桌为田野，探讨人与家的关系。

在福建渔港码头，有一群女性的身影格外醒目。

她们身上总有明亮的色彩——红色的外衣、粉色的头巾、荧光橘色的橡胶靴与五彩的袖套。她们往往成群结伴地劳动——像流水线上的工人一样，共挑一支扁担完成渔获上岸的最后 20 米。

渔村的男性大多在海上劳作，女性便在潮汐交替的海岸上，轮换着海陆间的劳动。

在泉州湾沿岸，聚集着福建三大渔女[1]中的蟳埔女和惠安女，前者近年因簪花而闻名全国，后者有"花头巾、金斗笠、短上衣、宽筒裤"的独特服饰系统，她们也都是福建小孩心中"吃苦耐劳"的象征。

但真实的渔女是什么样子？她们追求的美和日常生活有什么关系？这种美还在延续吗？从泉州市区出发，先抵达蟳埔村，又沿着海湾大道一路到惠安崇武半岛的大岞村，我展开了一趟寻找渔女的旅程。

1　福建三大渔女
生活在福建沿海惠安县的惠安女、泉州蟳埔村的蟳埔女和湄洲岛的湄洲女，她们世代靠海为生，以渔为业。

撰文 / 小样　　编辑 / 徐晨阳

146

簪花的绽放

part 01

这两年，没簪过花，就像没来过泉州。蟳埔村距离泉州游客最集中的西街有30分钟车程，地处晋江出海口北岸，村民以传统渔业为生。四年前，蟳埔村的簪花还是小众攻略里才会提到的体验，村里簪花店不到10家。自从一组在蟳埔拍摄的明星簪花杂志图走红后，簪花便成了本地现象级的体验，如今蟳埔已经有数百家簪花旅拍店。

来到供奉本村妈祖的顺济宫殿前，眼前是一片簪花海。几位诠释不同风格簪花围的女孩，按照摄影师的指示倚靠在香炉侧面，每人留下了一张面容娇丽的照片。在照片的背景里，一位满头簪花的本村阿嬷正跪在蒲团上，面向殿中的妈祖像，双手擎着香抵住前额，口中念念有词。

蟳埔女性的簪花围，是从一根红绳开始的。她们会将长长的黑发用红绳绑成一股，在后脑勺上盘成海螺形状的发髻，再插上一根牙白色骨髻固定。接着用草绳或红棉绳串起鲜花，常用的是茉莉、含笑花、雏菊、素馨花，每种花色围一圈，头顶再簪上几枝灵动的绢花，越隆重的场合，发髻上的花围数量越多。最后用红绳一端拴着的发梳整理碎发，发梳也顺势留在头顶。

簪花围用的传统绢花，大都出自黄淑阿姨之手，她在整个蟳埔村无人不晓，不仅负责村里妈祖神像的"造型"，也引领了蟳埔村的簪花流行。

我拐进村里的一条小巷，进入黄淑阿姨的"花园"，也是她家的厅堂。她站在一张堆满了各种鲜艳花材的工作台旁，正在制作一款新式绢花，这种绢花由十几枝花骨朵和两朵大花围成一个扇形。她在每枝花骨朵的顶部都粘上贝壳形状的亮片作花蕊，全部粘好后，阿姨还要再次调整花枝的疏密，确保匀称。最后她拿起一枝绢花在自己头发上比画，轻盈的贝壳花蕊会跟随头的摆动而摇曳。她脸颊泛起梨涡，骄傲地冲我们展示着自己的巧思。但这样的手工绢花，一个小时最多做三枝，所以蟳埔女性只有在重要的日子才会簪上这种样式。

黄淑阿姨今年60岁了，问到为何开始做花，她说自己小时候"不爱玩、不爱说话"，16岁开始参与集体劳动，但凡有空闲，都会给自己做花戴。因为鲜花娇嫩又难得，渔女最初使用的花材，要么是用塑料红绳圈出的花，要么是用两张彩色纸片拧出的花。黄淑阿姨说，那时的女孩们"黑漆漆的头发好多，却没有什么漂亮花戴"。

最开始，黄淑阿姨做的所有绢花都是给自己戴，偶尔多做一枝就送给"姐妹伴"（闽南语中姐妹、发小的意思）。姐妹们一传十、十传百，就有了簪花样式的流行。而每当一种样式正流行，下一种样式就已经在黄淑阿姨的手中黏合了。

几十年来，做簪花一直是黄淑阿姨的余兴。直到近几年，她年纪渐长，不再参与渔业体力劳动，又正赶上簪花火热，才开始全情投入制花。每天从早上8点一直到晚上11点，她都守在自己的工作台旁，在她手下开出的一朵朵簪花，都开在了蟳埔女性的头顶。

黄淑阿姨正在制作新绢花

part 02

渔女的蚝山

如果仔细看蟳埔女性的簪花围，就会发现总有绢花的花心是朝向后背的，因为她们生活中大部分时间都需要埋着头、弯着腰，无暇在梳妆镜前端详。我想起黄淑阿姨口中最常讲的词语，除了"花"，就是"劳动"。

如今，体力劳动仍是蟳埔渔女的日常。在蟳埔码头的石阶上、各家门口搭建的简易屋棚下、顺济宫的游客中心门口，总有阿嬷独坐或二三聚在一起埋头开牡蛎。阿嬷们鲜少因为其他事中断手头的活，半天下来，桌板上就会堆起一座牡蛎壳小山。

闽南人把养殖牡蛎叫作种蚵，在环海的地方，海就是田。在泉州经营本地文化空间"赤子"的阿梅，是我此行的引路人。在她小时候，父亲就曾在漳州老家的海里种蚵，她和我分享了牡蛎是如何"耕种"的。

她的记忆，要从凌晨5点被父亲叫起床耕海开始。蚵农要在海里搭建起蚵架，再系上空壳蚵串，让牡蛎着床生长。因为牡蛎生长在潮间带，蚵农每天的劳作时间根据潮水节律而发生变化，半夜出海，清晨归家的作息实属平常。

148

蟳埔村头戴簪花围的阿嬷
📷 Shen Hong

种蚵通常以家庭为单位，到冬夏的采收季需要雇二三十号工人。阿梅还在上小学时，每到寒暑假就会被派去给工人煮饭，最常做的食物就是牡蛎粥。春节是牡蛎市价最好的时候，但因为节日不好雇工人，每年大年三十到正月初二，阿梅的家人就要冒着冬夜的刺骨寒风出海收牡蛎。因为一旦错过时间，市价就会变化，牡蛎也可能变成空壳。

一直到大学毕业前，阿梅在假期都还要戴起斗笠、穿上水鞋，在海岸边劳作。"吊养的牡蛎先成串地装进渔网袋，由大船运往近岸处，靠近岸边时，将牡蛎袋卸在竹排上，竹排撑到岸边后，我再将一袋袋牡蛎挑上岸，组织几十个渔女一起开牡蛎。"即便是在描述十多年前的采蚵过程，阿梅的神情中仍然流露出一些疲惫。

但在规模化养殖牡蛎以前，人们不是种牡蛎，而是要去挖。养殖所用的蚵架就是在模拟海边的礁石，那是牡蛎自然生长的地方。渔女要摇船靠近礁石，从礁石下部抠出吸附的牡蛎。冬天海水冰冷刺骨，这样的劳动，一开始就是半天，直到涨潮才会结束。

挖牡蛎并不是一件安全的活计。渔女挖牡蛎要乘船，但她们乘坐的往往不是能抵御风浪的大船，而是只能容下一两人的小船。黄淑阿姨的妈妈乌革，曾亲身经历过一场悲剧。在一次挖完牡蛎回程的途中，乌革和姐妹搭载了另外几位未能及时返回的渔女。那天的潮水涨得很急，超载的小船不幸侧翻，六人落水，只活下来乌革和另一位渔女。

蟳埔村离海近，离城市也近，渔业劳作便成为这里人们的宿命。因离泉州市区不过10公里，蟳埔渔女的劳动，不只要种收牡蛎，还要去城里贩卖。如今驱车仅需30分钟便可抵达市区，而在过去，蟳埔渔女要挑着海鲜步行3个小时才能抵达。现在，在泉州的批发和零售市场里，人们一眼就能认出蟳埔女性经营的海鲜档口。她们的身影太好识别：在哪里都戴着簪花。

part 03

避风港边的花头巾

沿海湾大道向北开 40 公里，就到了泉州湾最北端的惠安县崇武半岛。大岞村位于半岛东端，是惠安女的聚居地之一，也是崇武国家中心渔港的所在地。刚进村，就看到了路上头戴花巾的阿嬷，再细看花头巾上的图案，竟然是一只只史努比。

在大岞避风港旁，有一幢挂着"惠安女艺术创作基地"牌匾的三层楼房。基地创始人名叫张汉宗，2000 年，他和家人一起将自住的三层小楼改建，大部分空间留给了摄影家、艺术家留宿创作，全家人则住在两个小房间里。房子的一楼被改造成小型展馆，满墙都是惠安渔女的照片和报道，还有两间房间，分别展示着不同年龄段的惠安女服饰和张老师一家收藏的老花巾、斗笠、漆篮等。

与展馆相伴的，是张汉宗一家人的生活。房间的墙上有一张四个小女孩穿惠安女服饰的照片，张老师指着照片告诉我们，左边两位是他的女儿。如今照片里的妹妹已经成为一名小学老师，坐在隔壁的屋子里批改作业。我问张老师，几十年来，他和无数摄影者拍下的照片中，哪张照片印象最深？他指向一张宛如画卷、全景记录惠安女修建大岞避风港的照片。

曾经，以渔业为经济支柱的大岞村有船无港，村民连续尝试了 6 次建港都以失败告终。1986 年，村里再振旗鼓建港，但正值鱼汛，男性都已出海劳作，女性就成为这项工程的主力。每天 2 000 多名惠安青年妇女，在工地运石料泥沙、动手砌坝，辛勤苦干了两年，最终建成一条 700 多米长的海堤，围出了 6.7 万平方米的港口。

我好奇，这项工程持续了两年，为何主力只有村里的女性。张老师说，男性经常出海捕鱼，工地上的很多活从来就没干过。比如向高处运送石头，往往要用木板搭起一个斜坡，坡又窄又陡，中间还有空隔，他自己从小都不怎么敢走，但有经验的女性就能保持平衡一步步走过。又比如石头太重，需要两个人用一条竹杠抬，男性虽然力气大，但经常用力不均抬不稳，而两个女性可以借巧劲抬稳。虽说女性会使力，但是担起比人还重的石头，徒手建出 700 多米长的堤坝，她们也真正下了大力。

在这样的辛苦劳作中，黄斗笠可以遮风挡雨，头巾可以遮沙遮阳，衣裤轻薄可以散热，黑色阔腿裤挽起来再方便不过。惠安女的服饰，其实是不折不扣的工作服。

张老师的女儿阿珊从屋里走出来，看到她的穿着与我无异，我便好奇地问她是否还会像惠安女一样装扮。她笑笑说不会，因为整套衣服穿戴起来在如今的日常生活里并不方便，而且自己这代人读了书，也走出去见过世界了，看到了更多不一样的美。

阿珊离开惠安到厦门上学，后来又考到福州工作，虽然都在有海的城市，但她最后还是考回了家乡。她说，福州虽然不远，但中午出发，要换5种交通工具，花6个小时，才能到家。"如果去一个地方出门看不到海，我其实不太习惯。从小时候开始，我就是心情好的时候去海边，心情不好的时候也去海边。"她说的海边，其实就是家门口的半月湾，每天上下班，她都会经过这片从小就生活的地方。只是如今的半月湾由于修建了国家中心渔港，半月的弧形被从中拦断，海湾不再是童年时的样子。

"你觉得自己还是惠安女吗？"我问。"我觉得我还是挺能吃苦的吧。"阿珊说完特别开心地笑了。她说自己还是很佩服惠安女，"她们虽然没有读过书，没有见过外面的花花世界，但她们的穿戴配色很大胆、很好看，那种美是她们在贫瘠精神世界里对生活的追求，是她们不会放弃作为一个人的凭证。"

每年母亲节，阿珊都会挑选一条花头巾给妈妈。毕竟在惠安，女人们永远不会为自己拥有的头巾数量设定上限。

我在崇武镇上一家开了30多年的布店待了会儿，见到了组团来为节日挑选花布的姐妹伴、为参加小女儿婚礼挑选装扮的年轻妈妈，还有在两条头巾中斟酌半小时反复试戴的阿姨。一位来选布的阿姨说，好看的布不只是买给自己，也会买给身边人，看到姐妹们戴了好看的头巾，也会赶忙来买。

头戴花巾的惠安女
📷 Weiqiang Liang

哪怕已经离开了海边，在闽南，还是有许多人和阿珊一样，将渔女留在了自己心里，也落在了生活的日常。

寻找渔女之旅的终点，我们重返蟳埔村，迎来妈祖巡境。全村的女性都穿着明艳的盛装庆祝，蟳埔花海也从黄淑阿姨手中小小的一枚花瓣、一片金色叶片开始渐次绽放。一个年轻女孩回到蟳埔村，她的阿嬷拉她到妈祖面前问询，两人投掷了三次圣杯，得到结果后，相视一笑离开。

恍惚间，我好像看见了一代代蟳埔女、惠安女和福建每一个码头边的渔女，她们都出现在这样的妈祖庙里，我认识又不认识她们。

还能这样玩？

A 在平潭跳岛

游玩地点
- 📍 **海坛岛**：坛南湾、长江澳风力田、石牌洋、仙人井
- 📍 **东庠岛**：孝北村、芦田澳沙滩、东庠灯塔
- 📍 **塘屿岛**：海坛天神、金沙滩、渔港码头
- 📍 **大练岛**：通天门、渔耕文化园、星野海滩

推荐方式
岛际交通以渡轮、快艇为主，无须返回内陆。

福建平潭县素有"千礁岛县"之称，拥有100多个岛屿和700多个岛礁，是国内跳岛游的宝藏去处之一。主岛与各离岛间每天都有渡轮或快艇穿梭，一小时航程内便能欣赏到迥异的海岛风光。

主岛海坛岛是福建的第一大岛，岛上的环岛公路是每年"海洋杯"中国·平潭国际自行车公开赛的赛场，其中最美的要数从北港村至长江澳风力田大约12公里的路段，沿途可看到碧海、风车、石厝村，尤其推荐傍晚时分沿途欣赏日落。岛上还有国内最大的花岗岩海蚀柱——石牌洋，两块高达数十米的巨型石柱，状如风帆矗立海中，是当地的海洋文化象征。离岛则拥有各具特色的景观和玩法：东庠岛面积不大，相对幽静，最好的游岛方式是在码头租一辆电动车，感受村落民居间的悠闲生活。塘屿岛以"海坛天神"景观闻名，长达300多米、形如人身的巨石静卧在碧海蓝天间。最野性的体验在大练岛，自然爱好者可以在月举山来一场15公里的海岛徒步，感受独特的跳岛之旅。

B 追一片蓝色荧光海

游玩地点
- 📍 **福州市平潭岛**：龙凤头海滨浴场、长江澳风力田、坛南湾、象鼻湾
- 📍 **福州市黄岐半岛**：定海湾、古石村、后沙海滨浴场、平流尾地质公园
- 📍 **泉州市惠安县**：崇武古城风景区海滩、小岞镇风车岛、青山湾

当天色转暗，潮水裹着幽蓝的荧光漫上沙滩，一场名为"蓝眼泪"的自然奇观便悄然上演。"蓝眼泪"是海洋赤潮现象的一种，其形成受海水温度和营养盐等条件影响，主要由发光浮游生物夜光藻或海萤触发。其中，夜光藻"蓝眼泪"多为大面积出现，持续时间长。4月至5月是福建海岸夜光藻"蓝眼泪"的高发期，成片的蓝色荧光随着海浪翻涌，能激起蓝色光带。6月至8月，当海水温度升高时，就到了海萤"蓝眼泪"的爆发季。海萤本身体积大，单个颗粒亮度比较明显，但这种类型的"蓝眼泪"多以点状分布，需要留心捕捉。

平潭岛的坛南湾水质清澈、光污染少，是福建追"蓝眼泪"的热门之地。这里的"蓝眼泪"绝大部分是由夜光藻形成，往往成片出现，场景梦幻且壮观。如果运气好，不仅能在长江澳的白色风车群下欣赏到风车与荧光海浪同框的画面，还能在东美村的悬崖上，俯瞰"蓝眼泪"从国内罕见的海蚀地貌"仙人井"中溅出的景象。如果想避开人潮，可以到相对小众的黄岐半岛定海湾，坐在礁石上静静观赏蓝色泪海。

撰文 / 相楠　编辑 / 徐晨阳

C 拜托了！好运气

游玩地点

- 福州市：鼓山涌泉寺、三坊七巷天后宫、西禅寺
- 泉州市：开元寺、清净寺、关帝庙、天后宫
- 莆田市：湄洲妈祖祖庙、南少林寺、广化寺、九鲤湖

在福建，信仰文化渗透在当地人最日常的生活中——从佛教禅寺、道教道观到传统祖庙，这片土地上林立着上万座庙宇，每一座都承载着人们的精神寄托。福州鼓山的涌泉寺依山而建，从山脚登上山顶的观景台通常需要 3 小时，顺着石梯穿过竹林，云雾之间只听得到交织的诵经声与木鱼声；三坊七巷的天后宫主祀妈祖，香火旺盛，游客可体验烧高香、掷筊问卜等传统仪式。泉州的开元寺内，矗立的印度教石柱与唐代飞天雕刻见证着海上丝绸之路的辉煌，每逢农历廿六的"勤佛日"，寺内信众持花供佛，寺外小吃摊绵延数里，烟火与佛香交融。莆田的湄洲妈祖祖庙保留着传统风貌，每逢农历三月廿三妈祖诞辰，信众从四海汇聚参与妈祖巡游，场面壮观。

福建的宗教建筑兼具了美学与功能性，游人不仅能从中感受历史审美的变迁，也能获得多元的游玩体验。在金碧辉煌的泉州关帝庙，人们可以看到屋脊上龙飞凤舞的剪瓷雕，还可以手工制作关公像。莆田的南少林寺则以唐风建筑为基，禅堂与武场相映，这里的禅修和武术体验可以满足不同游人的需求；石竹山的九鲤湖祈梦亭以"梦验"闻名，游人可以在此体验求签解梦，感受传统道教文化。

浙江山海线

群岛之间，名山傍海

撰文 / Kristin Zhang　编辑 / 周依

提起浙江，人们最先想到的往往是繁忙的贸易往来——经济越是发达的海岸，其景观和旅游价值就越容易被忽略。但在繁华的第一印象背后，浙江东部海岸线还蕴藏着迷人的自然和人文景观。

与北方海岸线的"平坦"不同，浙江海岸线的魅力在于山海交织。这里不是全然度假氛围的沙滩海水浴场，而是错综复杂的山岭，这些山岭的沟壑延伸到海岸以外，便是规模庞大的群岛。地形的区隔固然使部分地区需要更长的时间抵达，但也给浙江带来了富饶的物产和丰富的文化。

浙东海岸线连缀着普陀山、天台山、雁荡山等名山，是中国佛教的重要起源地之一。在这里，独具地域特色的海洋文化与沿岸的茶文化相辅相成，与当地人的生计紧密相联、共同繁盛，并流传至今。

浙江舟山普陀区东极镇的岛屿　Rachel T

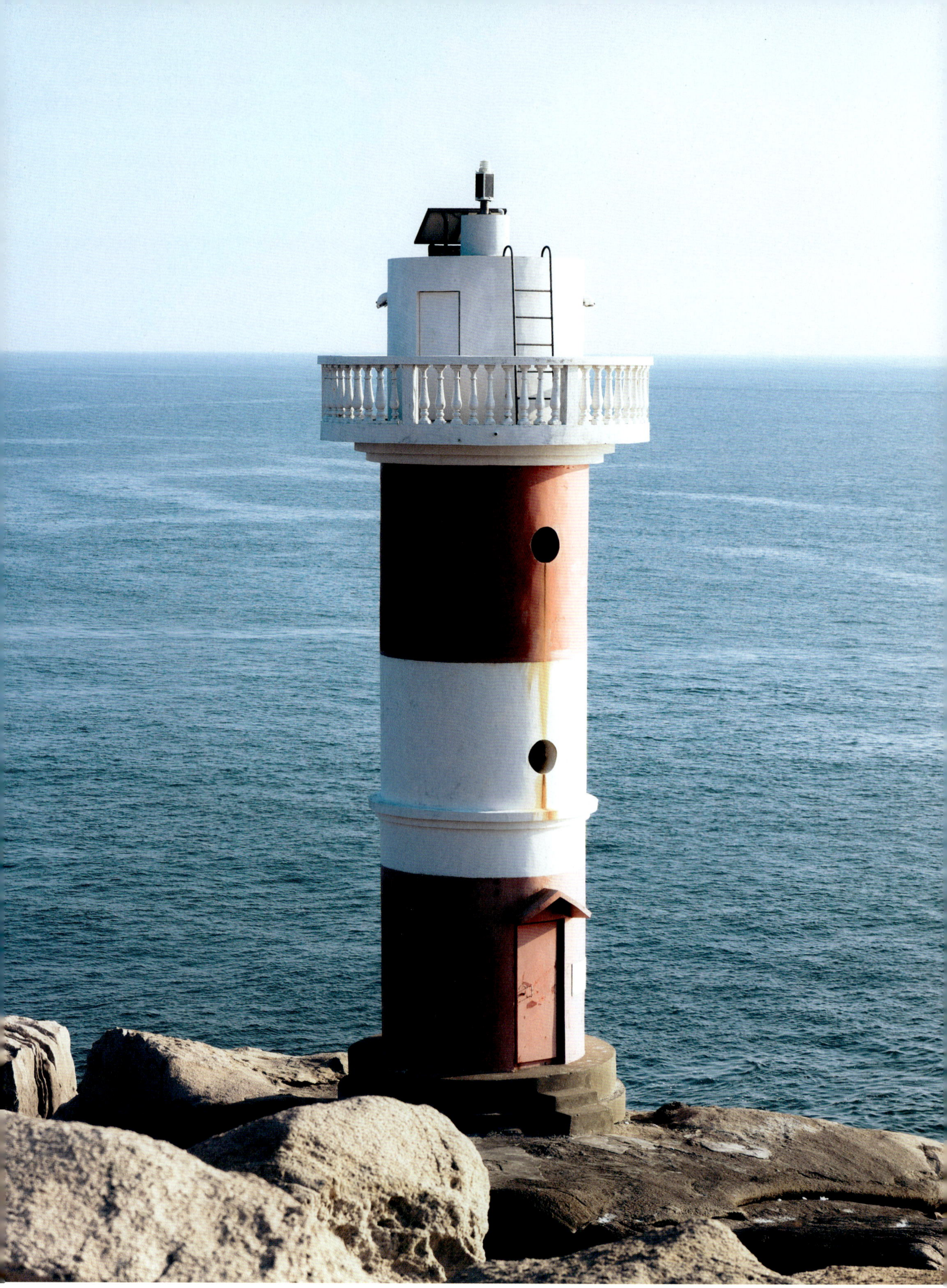

舟山市普陀区东极镇　Rachel T

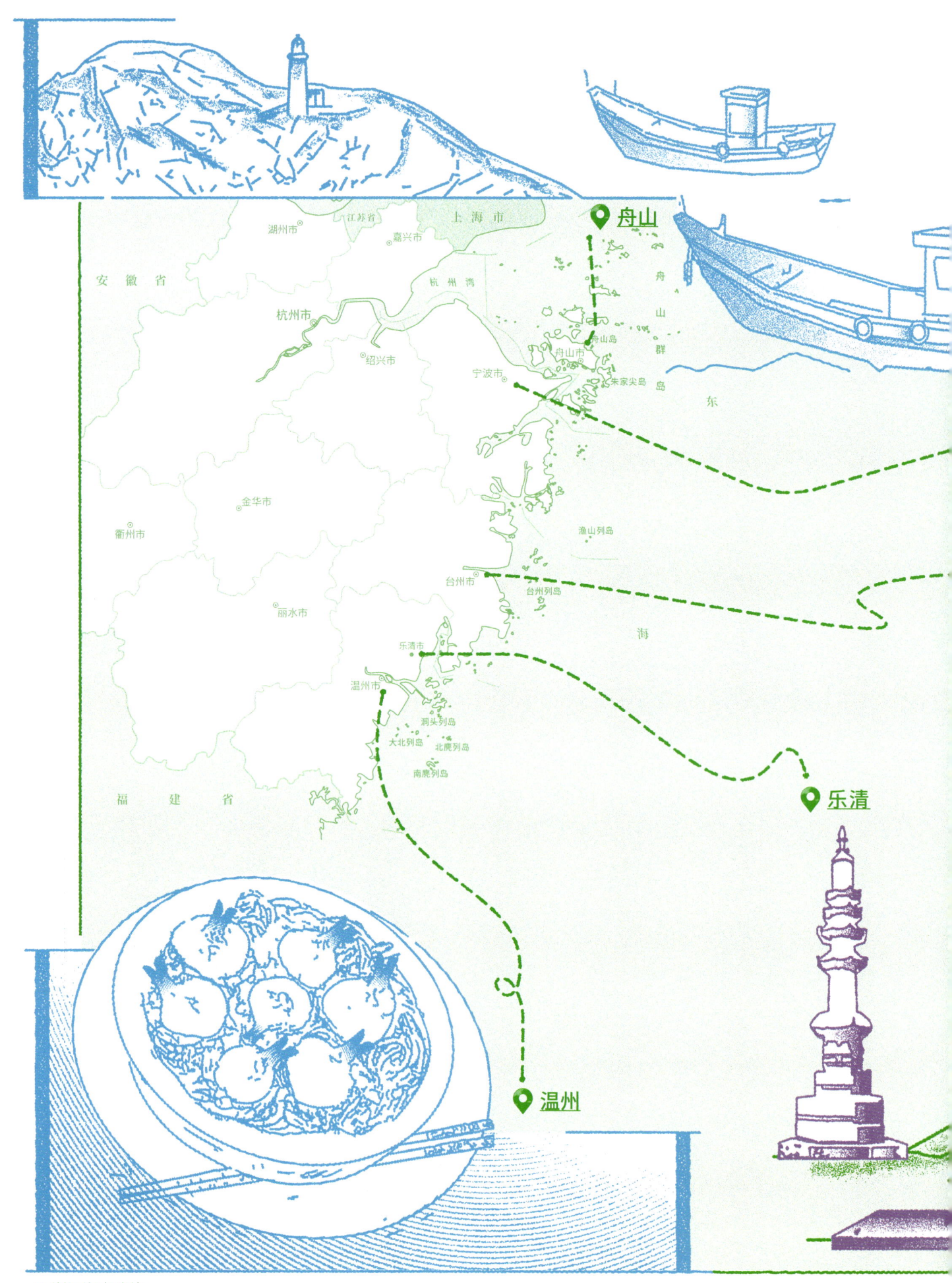

● 浙江海岸路线

途经城市

舟山市—宁波市—台州市—乐清市—温州市

推荐景点

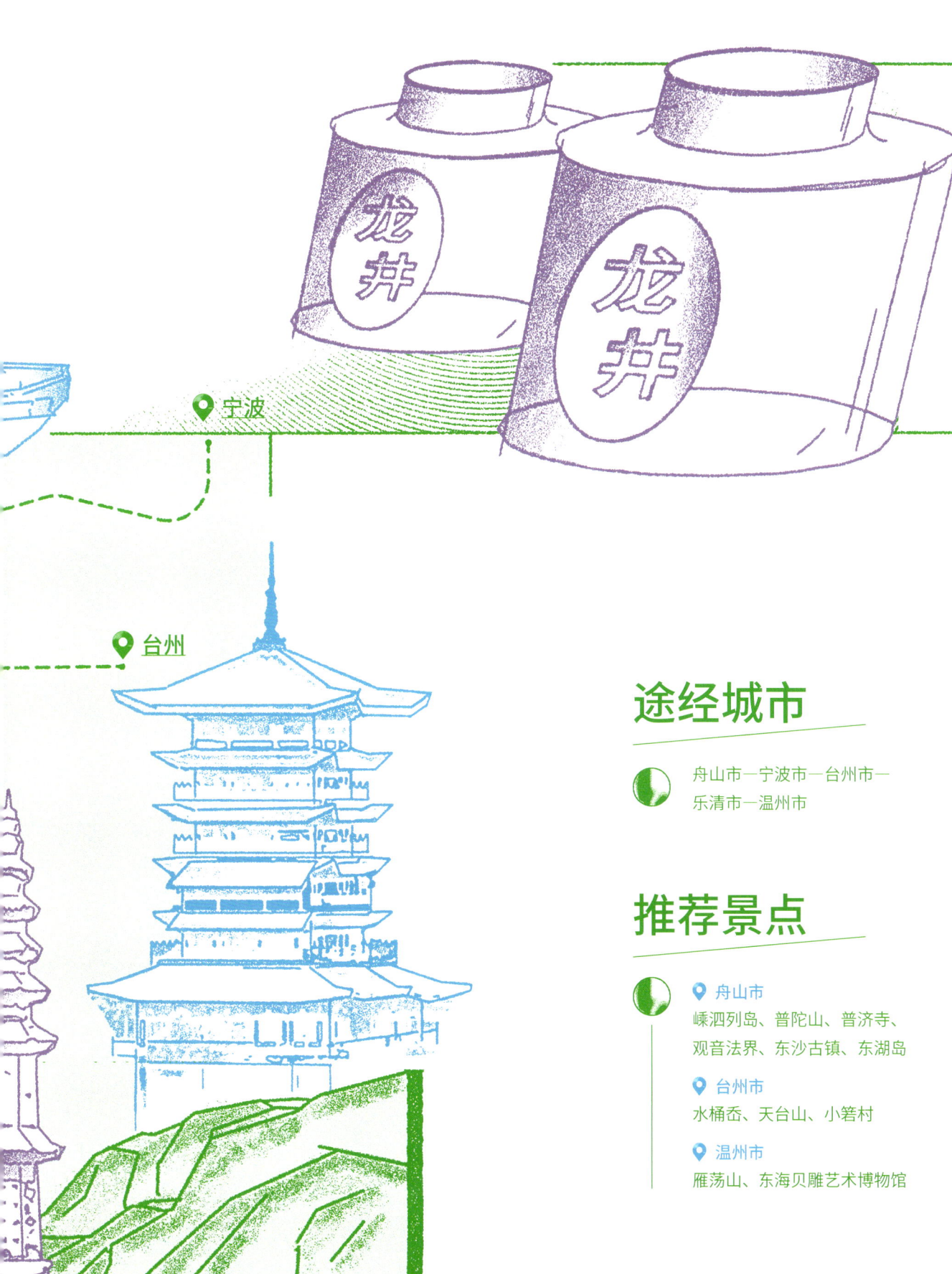

舟山市
嵊泗列岛、普陀山、普济寺、观音法界、东沙古镇、东湖岛

台州市
水桶岙、天台山、小箬村

温州市
雁荡山、东海贝雕艺术博物馆

推荐时间

3月—5月、9月—11月
(需要注意：6月—8月是梅雨季和台风季，建议避开此时段)

Kristin Zhang ○ 自由撰稿人，县级市旅行爱好者。

名山
傍海

浙江省的地貌有着"七山一水二分田"的特征，而临近海岸，群山连绵、溪流纵横则构成了浙东自然景观的基本骨架。浙东海岸线东临东海，西接浙中丘陵，北部是杭嘉湖平原，南部则是闽北山地。浙东大地上盘踞着天台山、四明山、雁荡山等名山，不仅造就了特有的地形地貌，也蕴含着丰富的物产。天台山由群峰组成，其中主峰华顶山海拔1 098米，是浙东的最高峰之一。天台山中坐落着著名的千年古刹——国清寺，它始建于隋代，距今已有1 400多年的历史，是中国佛教天台宗的发源地。

位于温州市乐清境内的雁荡山，是浙东海岸山脉的另一个典型代表。这座以白垩纪火山岩地貌闻名的山系，因"岗顶有湖，芦苇丛生，秋雁宿之"得名，2005年被联合国教科文组织授予"世界地质公园"称号。其核心景区灵峰、灵岩与大龙湫构成"雁荡三绝"，火山喷发后经流水侵蚀形成的流纹岩峰丛、嶂谷与瀑布群（如单级落差197米的大龙湫瀑布）交织出独特景观。早在北宋，沈括就在《梦溪笔谈》中描述了其地质成因，而始建于北宋的灵岩寺、历代文人留下的摩崖石刻（如龙鼻洞内94处题刻），以及徐霞客三探雁荡的足迹，共同叠加出其深厚的文化内涵。如今，这座"东南第一山"仍以晨昏变幻的峰影与千年未歇的瀑声，诠释着自然与人文的双重馈赠。

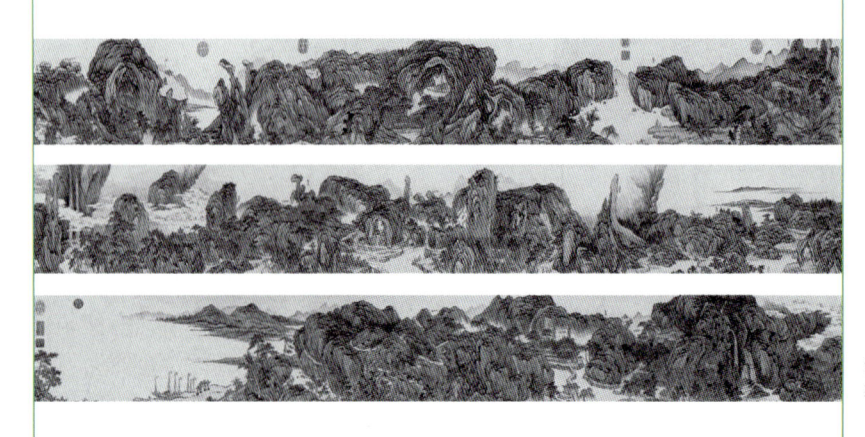

清朝画家钱维城的著名长卷《雁荡图》

160

与此同时，浙东漫长的海岸线串联着舟山群岛的普陀山、象山的石浦渔港、宁波的东钱湖……星罗棋布的岛屿和富饶的海洋资源，使得这里的自然景观更加丰富多彩。其中舟山群岛是中国沿海最大的群岛，由1 390个岛屿组成，岛上的植被、鸟类和周边的海洋生物都是当地生态系统的重要组成部分。

浙东沿海层峦叠嶂的山地与群星般的岛屿，是地质运动与海洋侵蚀共同作用的产物。中生代时期，欧亚板块与太平洋板块的碰撞奠定了我国东部与东南沿海区域的地质格局，形成如今浙东广泛分布的花岗岩基岩。这一地质脉络在戴云山脉北延段表现得尤为清晰。作为闽浙造山带的组成部分，戴云山脉主体受多个断裂控制，浙江境内的天台山脉通过断块抬升继承了其构造特征。中生代受燕山运动后期影响，浙东一带发生一系列北北东向、北西西向为主的断裂构造，形成地垒、地堑式断块升降，构成舟山群岛雏形。

至新生代，菲律宾海板块持续西推的应力叠加，进一步引发断块差异升降，造就了此处高耸的山体。第四纪冰期后海平面上升，受气候冷暖交替变化和新构造运动影响，普陀山与大陆发生数度联合和分离。潮汐、波浪与携带沙石的沿岸流不断侵蚀基岩海岸，塑造出嵊泗列岛的海蚀崖与象山港的溺谷海岸。这一过程至今仍在持续——每年东海潮汐搬运大量泥沙，缓慢改变着浙东海岸线的轮廓。

岛屿之外，滩涂也是生态系统中的重要组成部分，这里是多种海洋生物的栖息地，也是候鸟迁徙的重要驿站。浙东的湿地是这片土地上最富生命力的生态系统之一，从杭州湾湿地到三门湾湿地，这些水陆交织的区域孕育了丰富的生物多样性。而湿地周边的村落，至今保留着传统的渔耕文化。在浙东这片山海交织的土地上，历史人文与独特的自然景观密不可分、相互滋养。

雁荡山真迹寺的石塔
📷 大力

从长江文明源头 到佛教圣山

从佛教文化到妈祖信仰，从婉转悠扬的越剧到高亢豪放的渔歌，浙东的自然山水间孕育出了灿烂的民间文化。

位于杭州湾南岸、距离现今海岸线仅 40 公里的河姆渡村，是重要的新石器时代文明遗址所在地。1973 年，一次偶然发现揭开了距今 5 300~7 000 年的河姆渡文化的秘密。这一发现改写了中国史前史，证实了长江流域与黄河流域同为中华文明的重要发源地。2013 年，在距离河姆渡遗址 13 公里的余姚市三七市镇井头村，出土了大量被先民食用后废弃的蚶、螺、牡蛎、蛤、蚝等各种海生贝类，经过测年确定距今 8 000 多年，被命名为井头山遗址。因此，这里被称为"中国最早的海洋家园"，而河姆渡文化也被认为是海洋文化从东南沿海地区向西太平洋地区扩散传播的主要源头。

代表新石器时代长江流域人类社会发展的"河姆渡文化"

秦汉时期，浙江地区属会稽郡，是当时中国东南地区的重要行政中心。会稽郡是西周至战国时期古越国的核心区域，越文化在这里得到了传承和发展。越王勾践卧薪尝胆的故事便发生于现今绍兴一带，人们游览绍兴时仍能看到许多与勾践相关的历史遗迹，如大禹陵、越王台等。

到了五代十国，吴越国在浙江地区建立。这一时期，杭州城得到了大规模扩建和美化，"上有天堂，下有苏杭"的美誉也从此开始流传。"吴越"一词也通过方言的记忆流传下来，成为江浙一带居民文化认同的关键词。当时的统治者大力推崇佛教，兴建了大量寺庙佛塔。杭州的雷峰塔、六和塔，宁波的天童寺、阿育王寺，都是这一时期佛教文化的代表。

而佛教文化正是浙东的另一层重要文化内涵。天台山是佛教天台宗的发源地，山中的国清寺见证了佛教中国化的历程。南北朝末期，天台宗的创始人"智者大师"（智顗）在此创立了天台宗，是中国佛教最早创立的一个宗派。而国清寺始建于隋开皇十八年（598 年），距今已有 1 400 多年的历史，山前七佛塔、寺内雨花殿与隋代风格建筑群依山递进，保存了初唐布局。寺内至今保留着两件隋代遗珍：一是相传国清寺开山祖师章安手植的"隋梅"，历经 1 400 余年，至今

162

国清寺标志建筑——隋塔
📷 小零子

仍于早春绽放，被誉为"中华古梅活化石"；二是残高59.4米的隋塔（报恩塔），六面九级，砖壁。此外，寺内还保存有大量珍贵的佛教文物，如隋代的石经幢、唐代的佛像等，见证了佛教在中国的传播与发展。

与陆地上的天台山对应的，便是群岛间的普陀山。普陀山是观音菩萨的道场，被誉为"海天佛国""南海圣境"，是中国四大佛教名山中唯一坐落于海上的佛教圣地。普陀山上建有南海观音禅林、不肯去观音院，以及普济禅寺、法雨禅寺、慧济禅寺等数十所禅寺和禅院。普陀山上的观音铜像为目前世界上最大的铜制观音塑像之一，总高33米，重达70余吨。除此之外，这里还保存了大量佛教艺术珍品，包括佛像、壁画、石刻等，具有重要的历史和艺术价值。除了日常的信徒朝拜和游客游览，普陀山每年还会举办大量佛教文化活动，最著名的当数普陀山南海观音文化节和世界佛教论坛，其影响力不仅仅局限于浙东，而是传播至全国乃至整个世界。

海上丝绸之路的繁荣

浙东也是中国海洋文化的重要发源地之一。在舟山的东极岛，可以探访古老的庙子湖村，体验当地渔民的生活。渔歌号子、海洋神话等，构成了独特的海洋文化景观。这些文化传统，不仅记录了浙东人与海洋的关系，也展现了人类探索海洋、利用海洋的智慧。

舟山群岛不仅是浙东的自然奇观，也是中国海洋文化的重要见证。舟山群岛的渔业历史可以追溯到宋代，距今已有1 000多年的历史。这里渔业资源丰富，年渔获量超过100万吨，是中国最大的渔港之一。这里的渔业文化不仅体现在渔业生产上，还体现在渔民的日常生活和节庆活动中。每年的开渔节是舟山最重要的传统节日之一，其间渔民们会举行祭海仪式，祈求海神保佑渔业丰收。

与这条海岸线的海洋文化不可分割的，还有当地繁荣的商贸文化。北宋时期，浙江的商贸文化得到了空前发展，明州（今宁波）是当时中国最重要的对外贸易港口之一。这里不仅是中国与日本、朝鲜等东亚国家贸易的重要枢纽，也是海上丝绸之路的重要起点。直到近代，浙江仍延续着它作为重要商贸中心的繁华，同时其文化资源也在这一过程中得到了新的发展。1842年，宁波作为五口通商之一对外开放，不仅促进了经济发展，也带来了中西文化的交流与融合。

离开海岸边，倚靠着山的浙东人的生活则围绕着茶文化展开，从采茶、制茶到品茶，形成了一套完整的文化体系。宁波余姚市的四明山是中国茶文化的重要发源地，其茶叶种植历史可以追溯到唐代以前。如今余姚市茶园面积超过6万亩，年产茶叶总量4 000多吨，包含了龙井、毛峰、碧螺春等著名品种，品质也十分优良。而当地的茶文化不仅体现在茶叶的生产上，还体现在茶道、茶艺等方面。每年清明节前后，四明山都会举办茶文化节，人们可以参观茶园、体验茶艺及品茶等。

除此之外，浙东的民间艺术同样深受自然环境的影响。越剧起源于19世纪中叶的绍兴嵊县（今嵊州市），最初是由农民在田间地头演唱的一种民间小调，后发展为全国第二大剧种。越剧的唱腔婉转柔美，表演细腻传神，服饰华丽精致，承载着江南文化的历史记忆与魅力。如今在绍兴的安昌古镇，依然可以欣赏到传统越剧的表演。

164

忙碌于舟山群岛间的渔船　📷 贾琼

往来的渔船　📷 贾琼

山海佛国：浙东行记

深度阅读

早就听说浙江东部沿海是佛教圣地——天台山上的国清寺是中国佛教天台宗的发源地，而中国四大佛教名山之一普陀山就坐落在舟山群岛之中。我谈不上是宗教文化爱好者，但对这类历史古迹很有兴趣，一直想来一场浙东佛教文化巡礼之旅。在一个百无聊赖的秋日，我终于成行。

我的浙东之旅从温州市的洞头岛开始。可抵达洞头区之后，我看到的首个宗教活动似乎和佛祖并没有关系。

在导航系统提示我再转一个弯就能到达中普陀寺的时候，我注意到，街角有一群本地村民聚集在一起。他们手上拿着某种棍状的礼器，腰上系着各色的长腰带，部分人也戴了头饰，围绕着一个既像塑像又像香炉的东西缓缓转行；路边一处大排档的遮阳篷下有一张圆桌，似乎已经摆上了碗筷——我猜想那是给村民们仪式结束后一起吃饭用的。

匆匆一瞥，我没能搞清楚这些当地人究竟是在祭拜什么，可是直觉告诉我，即使中普陀寺近在眼前，他们的祭拜活动也和佛祖关系不大。我重新打开导航地图，试图在地理上发现一些关于刚刚那场神秘仪式的线索。随着手指在屏幕上抓取放大，地图告诉我，那处被街角大排档的遮阳篷半掩着的仿古建筑，叫作盘古殿。

这一处直指中华文化原始神话信仰的建筑令我感到好奇，同时也觉得颇为有趣。在抵达洞头区之前，我就从温州本地朋友的口中得知，与温州市区

天台山国清寺
📷 兜兜

撰文 / Kristin Zhang　　编辑 / 周依

舟山群岛海岸风景
📷 Rachel T

讲温州方言不同，洞头区流行的其实主要是闽南方言。其由明清之际从福建泉州、漳州等地移居洞头区的"福建人"带来，在语言学上甚至有一个专门称谓——浙南闽语。人口的迁移变化带来了语音的丰富，进而带来信仰的丰富，似乎也不是什么奇怪的事情。

这样一来，我的这场佛教文化巡礼也就此拓宽思路，成了一场融合不同信仰的传统文化之旅。

part 01

洞头岛 中普陀寺

洞头区是中国14个海岛区县之一，有着"百岛之县"的美称，体现在旅途的体感上便是，这里几乎没有平直的马路。从岛上另一处名胜望海楼来到中普陀寺，全程都是又窄又陡的乡间盘山路，仅仅在快要抵达时趋近平坦。而这一块珍贵的"平地"，看上去也被本地人用于精神信仰建设：除了刚刚的盘古殿，更大的在建区域似乎是中普陀寺的全新延伸——在地图上，这里被标记为中普陀寺文化园疏胜苑。

与有着千余年历史的南普陀寺不同，中普陀寺是一座在不断扩展的"年轻"寺庙。中普陀寺的前身是洞灵寺，据说仅有一处佛殿，而周围则是曾经洞头区的砖厂。洞灵寺前曾是一片广阔的滩涂，每当海水涨潮就会被淹没。看着如今这里新修建的柏油马路、整齐的绿化和仿古建筑上闪着光的崭新琉璃瓦，我很难想象这里曾经是一片只能挖蛏子的滩涂。

168

我从寺庙侧面停车场前的阶梯进入中普陀寺，这里显然已经不是当年那个迷你的洞灵寺了，向山上望去，整个山头都是寺庙的塔楼飞檐。我决定先爬上山顶而后从上向下参观，可没想到的是，刚走过两座佛殿，寺里就出现了"别家"神仙：左手边是财神殿，右手边则是妈祖殿。

其实很早就听过，相较于其他民族的宗教信仰，汉族人的信仰总是非常"务实"，或许这就是一处最佳例证。我翻看中普陀寺的建寺历史，这才发现，原来在过去跨海大桥尚未将洞头区的各个岛屿完全相连时，人们来到这里只能靠乘船，即便是到温州城区，乘快艇也需要 70 分钟左右；一旦遇上台风或者大风天气，几天无法通行出岛是家常便饭。

因此，在早年的洞灵寺时期，当地人无暇区分自己参拜的是佛教还是道教，总之神仙都"住"在这里，看见什么拜什么便是。甚至如今被视为"观音道场"的中普陀寺，观音菩萨反而是后来被请进来的"客人"。当年的信众们希望找到一位好师傅来洞头区建寺弘法，于是就在潮州开元寺找到了时任监院的芳振法师。到 1999 年，芳振法师主持了天王殿的奠基仪式，在随后的几年时间里，戒坛、圆通殿、山门、财神殿、妈祖殿逐渐落成。

在我的印象里，佛寺中单独设有财神殿或是妈祖殿似乎并不稀奇，杭州灵隐寺、北京雍和宫里都有财神，南普陀寺有妈祖，而将妈祖和财神共奉一处又四目相对的，似乎只有这中普陀寺了。这种务实精神的极致体现，也让我联想到整个浙江的"性格"：似乎正是有着妈祖庇佑的拓展与冒险精神，这里才成为华夏大地上最被财神爷眷顾的地方之一。

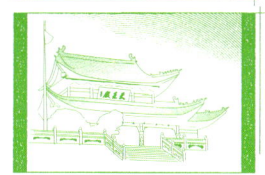

中普陀寺

下了山，在拜见了大圆通殿里的千手观音、文殊菩萨、普贤菩萨和天王殿中的弥勒佛后，我终于在寺院正门见到了由善财童子和龙女陪伴的观音菩萨立像。跨过刻有"中普陀寺"字样的石牌坊之后，我坐在寺院门前的树下研究起接下来几天的礼佛行程。抬头之间，我发现一只纯白色的鸽子落在石匾之上，似乎已经在那里盯了我好久。透过树冠展开的枝叶，那只白鸽在湛蓝天空与灰色石刻的映衬下，显得格外纯洁无瑕。

恍惚间，我觉得这是一个颇具灵性的瞬间。可谁也说不清楚，透过那只白鸽的眼睛俯视着我的神仙，究竟是刚刚的哪一位。

part 02

天台山国清寺

与洞头区中普陀寺的"多元"不同，位于台州天台山的国清寺相当"专一"，这里是汉传佛教天台宗的发源地。1 000多年以前，智顗大师就是在这里创立了天台宗。

如今，便利的高铁使天台山成为江浙沪年轻人周末逃离大都市的热门选项，从上海出发，仅需要两个小时便可以到达山脚下的天台山站。除了国清寺，山里的天台山瀑布和新手友好的霞客古道徒步路线也相当受户外爱好者的欢迎。早年我曾经拜访过日本的天台宗寺庙——位于关西地区姬路市书写山的圆教寺。不知是不是一种刻意选择，两者都深居山林，从地理上就给人一种幽静之感。

我从高铁站打车来到寺院，一边感慨着浙江省乡镇基础设施的完善，一边不免羡慕居住在山脚下的人们，仅需20分钟，就能来到世外桃源般的禅意山林。刚入寺门，首先吸引我注意的是不远处的隋塔，它也是国清寺的标志建筑。这座塔修建于隋开皇年间，与国清寺同期兴建。经过1 400多年的岁月洗礼，这座塔看上去质朴无华，时间似乎磨去了它作为人造物的棱角，从远处望去，更容易让人联想到那些百年古木的粗壮枝干。

走进寺内，或许是游客并不多的缘故，寺内僧人形容肃静，而比起我曾在山西拜访过的寺院，此处更带有强烈的"官方"色彩。作为一个非佛教信徒，穿梭在各个殿宇之间，令我感受最深的，并非具体的佛祖塑像，而是弥漫在空间中的修行氛围。不过，随着参观深入，我才得知，这里也并非"庙堂之高"所对应着的"江湖之远"，因为这里保存着许多20世纪70年代寺院整修时从北京"调拨"来的文物。

据统计，当时运送到国清寺的文物总共有109件，足足装了12大箱。大雄宝殿中重13吨的明代青铜释迦牟尼坐像、元代楠木十八罗汉像，以及殿前清雍正、乾隆时期宝鼎，还有弥勒殿外高大雄奇的两尊汉白玉狮子，都来自故宫博物院与雍和宫。除了这些珍贵的文物，当年还有一个颇具传奇色彩的故事，那就是在修缮国清寺的过程中，寺内一棵距今约1 300多年的隋代古梅树，竟也奇迹般地复活了。

170

在智顗大师创立天台宗后，这一佛学流派逐渐对整个东亚产生重要精神影响，远传韩国、日本等地。信仰的流动超越国家与文化边界，也超越时间，像是某种注定的历史回响。

part 03

霞客古道

从国清寺离开，我并没有选择立即下山，而是选择了通过霞客古道，继续上山拜访智者塔院和高明讲寺。在寺院参观时，或许是慧根尚浅，我并没有从导游们零零散散的讲解中，理解天台宗与其他佛学派别的区别；但没想到的是，霞客古道的徒步之旅却给了我新的启发。

霞客古道因中国历史上著名地质学家徐霞客的记录而得名，以国清寺作为起点和终点，徒步路线恰好是一个环线，可以一次性领略天台山的不同风光。这条路线有时与机动车道并行，有时又穿梭于林间，11月末的天台山游客并不多，在徒步的过程中，大多数时间我都只能感受到自己一个人的存在，除了山林里偶尔的流水、鸟叫和虫鸣，我几乎听不到来自其他人类的声音。

霞客古道途经的竹林和溪流
📷 徐霜

冥冥中，我突然领悟到了佛教哲学和现实的关联——人的存在就是这个世界上巨大的噪声。当你静止不动时，你能听到落叶声、山林中不知名的鸟儿踩在晃动的路砖石板上的声音、暗处静静流淌的水声；可是当你行动起来，哪怕只是脚趾轻微发力，自身发出的声音便会将自然的声音所掩盖掉。

然而，人只要行动，就不可能不发出声音。手臂自然摆动时冲锋衣面料的摩擦声，脚与石板接触时的碰撞声，人的喘气声、心跳声……你已经感受过了自然的声音，又无法真正永远静止在这里，所以一种"不要再制造其他噪声"的想法就会自然从心底升起。正因如此，这一路上我几乎未曾打开手机查看消息或是刷社交媒体。你想

171

要保持此刻的清净，想要听到这片山林的呼吸，自然就要让自己真正地留在"此时此刻"，而非在精神上或行动上，用现代世界的网络媒介去制造"噪声"。

从霞客古道徒步下来，我又重新搜索起天台宗的思想体系与修行方法。我发现它们突然变得如此简洁易懂——天台宗以《法华经》为核心经典，所谓"一念三千"，感受心与万法的圆融无碍，修行的秘密就藏在这安静的山林之中。天台宗重视"止观双修"，即禅定（止）与智慧（观）相结合，这也正是我刚刚所感受到的一切：当你选择静止，并全身心投入所处的当下，禅意的智慧便会由心底生发，而无须再借助任何外来的信息。

part 04

观音法界

从舟山国际邮轮港下船，在停车场出口等候预约的司机时，我从值班保安口中得到了一个"噩耗"：因为今天的八级大风，从朱家尖岛前往普陀山的渡轮，停航了。

感受着空气中似雨又似雾的水汽，我很难想象这是本地人口中的八级大风。似乎是看出了我的不服气，保安师傅向我解释，在舟山这样的群岛生活，天气预报就像是某种"圣旨"，风力的测量是以海上为基准，陆地的体感总是会有所不同。本地人的生活经验告诉他们，听天气预报的准没错，只有我们这些外来人，才会有所怀疑。虽然普陀山岛去不成了，但是保安师傅向我推荐了另一处无须搭渡轮就能到达的佛寺，那就是近年来刚刚开放的观音法界。

来到舟山之前，我对这处崭新的寺庙有所耳闻，可是却并不十分感兴趣，因为寺庙吸引我的除了佛像，更多的是其所代表的历史与文化。因此我总觉得，一座现代寺庙好像少了点什么。保安师傅不以为意，依然是一副"天气预报说是八级大风就一定是八级大风"的表情，似乎是在暗示我，你去了就知道。

反转来得确实很快，从码头搭车，仅需十几分钟就到达了观音法界的正门。还没等进入，我就已经被来此参观的人群架势所震惊，游人相当多，且其中至少三分之一都是着装朴素的僧人。验票进入大门之后，与传统寺院一层一层展开的殿宇布局不同，观音法界的主殿观音圣坛是园区内最为重要的建筑，占据着整个花园广场的中心位置。我随着身边的游客与僧人一同走向圣坛，一边觉得周遭的景色过于像景区的质感，一边却也觉得相当有趣，毕竟，这和我过去拜访过的寺庙都不同。

事实上，整个观音法界的设计曾获得过两个重量级建筑类奖项，其景观设计理念来自佛经中的"画衍经行，山水殊胜"，设计团队提炼了佛教典籍中能够代表观音菩萨精神的特质，并将其融入园区。按古印度佛教描述，世界有九山八海，中央是须弥山，其周围环绕着八山八海，因此，整个园区的设计提炼了佛教"九山八海"的世界基本构造观，并借鉴传统写意山水园的造园手法，构建出独具佛教特色的山水环境。游览时，即使周围游客众多，不时会被前面突然停下拍照的旅游团阿姨拦住脚步，我也感受到了这里风景的某种独特性，它背山面水，是一种非常直白的"风水宝地"的体现。

进入观音圣坛，我很快就被眼前的景象震撼。从一层进入，整个建筑内的结构非常明确，内层是供信众参拜的祭坛，外围则环绕着一层层功能不同的空间，总共有九层。走入最核心的圣坛，由于建筑挑高足够，这里被修建成了层层递进并缩窄的笋形。而弯曲着向上延展的墙面上，大大小小全部都是佛像。最底层的最大，越往上佛像的尺寸越小，但精致程度却不减。

我想起曾经在云冈石窟见到过类似结构的"千佛洞窟"，在当时石窟昏暗的灯光下，已经能够感受到佛像堆叠带来的震撼。如今，在现代设计审美和技术的加持下，这番景象的"像素"和"分辨率"都得到了质的提升。佛像精巧的塑形配合着周围巧妙的氛围光设计，让人恍惚间仿佛真的身处佛国，如果几千年来信徒们所想象的"西方极乐世界"是有形制的，我想那就会是眼前的样子。

我还记得在云冈石窟时，导游曾经向我们介绍，如今无论考古技术如何发展，我们都无法拥有古人的目光，无法见证北魏时期的信众们所目睹的那个云冈石窟，我们的注目有着时间的局限性。可从古至今，这种局限却从未能阻止人们想象那个属于佛祖的世界。一代人有一代人的想象，而一代人又有一代人的技术，只要信仰是真诚而恳切的，用现代人的目光塑造出的圣坛，依然能够传递出震撼人心的力量。

参观过二层与三层各个历史时期的佛像展陈后，我走出圣坛，来到户外。天空依然阴沉，密布的乌云阻挡了我想要再向上窥探的视线。然而，我却已经在刚刚的圣坛之内，见到了那个仿佛无穷无尽上升的世界。每一个时代都会留下属于当时的文化痕迹，我们总是喜欢回望，去见证已经存在过的东西，可也许从更加遥远的未来视角看，这座建成于21世纪20年代前后的观音法界，同样会在还未到来的"历史"中，成为能够代表我们这个时代的文化痕迹。

还能这样玩？

A 海上有仙山

游玩地点

📍 嵊泗县

泗礁岛：基湖沙滩、田岙沙滩、会城岙
花鸟岛：花鸟灯塔、五指山、花鸟礼堂
枸杞岛：山海奇观、龙泉沙滩、小西天
嵊山岛：东崖绝壁、无人村、西洋湾

B 古建一次看个够

游玩地点

📍 舟山市

不肯去观音院、普济禅寺、法雨禅寺、慧济禅寺、观音法界

《山海经》中记载，众神居住于"归墟"附近东海上漂浮着的五座山：岱舆、员峤、方壶、瀛洲和蓬莱。这些仙山云雾缭绕，凡人难以到达。虽是神话传说之地，但嵊泗列岛常被认为是这些仙山的现实原型之一。嵊泗列岛由404座岛屿组成，其中泗礁岛、花鸟岛、枸杞岛、嵊山岛最具代表性，可从沈家湾客运码头坐船登岛。泗礁岛是嵊泗列岛的主岛，可以租自行车环岛骑行；花鸟岛位于嵊泗列岛的最北端，因其岛上遍布野花和鸟类而得名，岛上的花鸟灯塔建于1870年，是当时远东地区最早的现代灯塔之一；嵊山岛的渔村建筑依山而建，层层叠叠，远远望去如一座海上城堡；枸杞岛则是游泳和沙滩日光浴的好去处。如今，嵊泗列岛也成为江浙沪居民周末看海休闲的一处隐世佳境。

位于舟山群岛东侧莲花洋上的普陀山，不仅在我国佛教文化的发展中扮演了重要角色，还是一份唐代以来多个朝代历史建筑的生动档案。作为中国四大佛教名山之一，普陀山上坐落着普济禅寺、法雨禅寺、慧济禅寺等数十座禅寺和禅院。唐咸通四年（863年），日本僧人慧锷从五台山请得一尊观音像，准备带回日本供奉，船行至普陀山附近时，突遇风浪，无法前行。慧锷认为这是观音菩萨显灵，遂将观音像供奉于普陀山潮音洞附近，并建"不肯去观音院"，至今香客仍络绎不绝。宋代是普陀山佛教文化的繁荣时期，北宋元丰三年（1080年），朝廷赐额"宝陀观音寺"（现在的普济寺），普陀山正式成为官方认可的佛教圣地。延续传统，于2023年刚刚开放的观音法界是近年来新建的佛教文化主题园区，不仅展示了大量与佛教文化相关的艺术品和文物，在建筑方面也颇有讲究。

撰文 / Kristin Zhang　　编辑 / 周依

C 徒步看海，从新手到进阶

游玩地点

📍 舟山市·东福山环岛路线
东福山码头—大树湾石屋精舍群—陨石瀑布—象鼻峰

📍 温岭市·水桶岙小环线
小交陈村—水桶岙沙滩—白谷礁—大岩山

📍 宁波市·东海云顶路线
龙潭村—东海云顶—水库—溪流、瀑布

📍 温州市·雁荡山野趣路线
双龙谷景区—白龙潭、乌龙潭—羊角洞

浙东的地理环境塑造了风景与难度各异的徒步路线，能够满足不同需求的徒步爱好者。舟山的东福山环岛路线是很多人心中的"浙江沿海最佳徒步路线"，环岛一周约8公里，3~5小时可以走完全程，爬升高度不大，难度适中。台州温岭的水桶岙小环线是另一条适合新手的路线，全程约7公里，爬升仅200多米，绕海岸一圈只需约3小时。途中沿岸风景极佳，还会路过沙滩，可以停下歇息玩耍。如果想寻求挑战，则不妨尝试东海云顶路线。这条路线位于宁波宁海，环线长度约12公里，上下坡多且陡，爬升超过800米，路线的终点云顶是看日出的好地方。如果想偷懒也可以选择开车上山，然后徒步1小时左右便可登顶。除此之外，雁荡山也有多个徒步路线可供选择，游人可以选择在景区活动，也可以走野路穿过山泉、竹林，赏奇石与山景。

D 好漂亮啊！贝雕艺术

游玩地点

📍 温州市
望海楼、中普陀寺、仙叠岩、东海贝雕艺术博物馆

洞头区隶属于温州市，位于市外33海里的洋面上。不同于温州市区大陆海港的风貌，洞头区由302个岛屿组成，文化上也自成一派——这里超过一半的居民讲闽南话而不是温州话。这里有距今1500多年历史的望海楼、规划建筑面积5万平方米的中普陀寺等一众文化古迹，也有融合了各种海岸地质景观的仙叠岩。除此之外，还有一处小众的博物馆同样值得专程拜访。东海贝雕艺术博物馆创建于2013年，馆内藏品超过1860件，以宋、元、明、清各个时期的螺钿漆器为主，也包括了东亚和世界其他国家地区的螺钿文物和标本化石。贝雕源于我国传统的螺钿技艺，最早可上溯至商代。螺钿指将螺壳与海贝磨成薄片，再根据画面需要镶嵌于漆、木等器物表面的装饰工艺，这些螺钿制品曾是海上丝路的重要商品。在这座博物馆里，各个时代的精美螺钿造物被集中展示，无疑是浙东人将自然禀赋与人文艺术紧密结合的典范。

辽鲁津冀渤海线

广袤北方的呼吸之地

撰文 / Kristin Zhang　编辑 / 周依

说到中国的海洋文化，很多人往往会优先想到东南沿海地区。绵长的海岸线以及我国历史上几次经济重心南移，都为南方的海洋文化增加了地理和经济因素权重。相比之下，地处北方的渤海周边地带总是显得存在感不足，天然的"地理劣势"——海岸线短、水深较浅、泥沙量大、海域相对封闭等，时常让人忽略渤海的海洋属性。但事实上，渤海也有着自身独特的魅力。

从新石器时代起，渤海地区就有了人类活动，辽河流域红山文化遗址出土的文物玉猪龙，代表了中华龙的早期形态。自春秋战国直至魏晋南北朝时期，这里是中原汉族、东北渔猎民族与草原游牧民族文化融合碰撞的焦点地带，深刻影响了中国北方汉族人的基因构成和传统文化。而后，在作为海上贸易前沿与军事重镇的开放与封闭之间，渤海又见证了多个历史王朝的兴衰。直至近代，经历闭关锁国，再迎来门户洞开，在一系列开埠港口的中西文化交融中，渤海进入了下一个时代。

满载着碰撞与交融的历史，为渤海周边地区留下了丰富的文化遗产，大沽口炮台、前天津租界区、山海关、兴城古城、旅顺口等地点，每一处都代表了中国历史上的重要节点；而在地理环境与自然景观上，这里又像是为整个中国北方提供了某种喘息空间，以黄河三角洲为代表的大量滨海湿地、滩涂，不仅是各类珍稀濒危鸟类的栖息地，也成为北方居民的"呼吸之地"。

冬日秦皇岛的冻海浮冰　周一

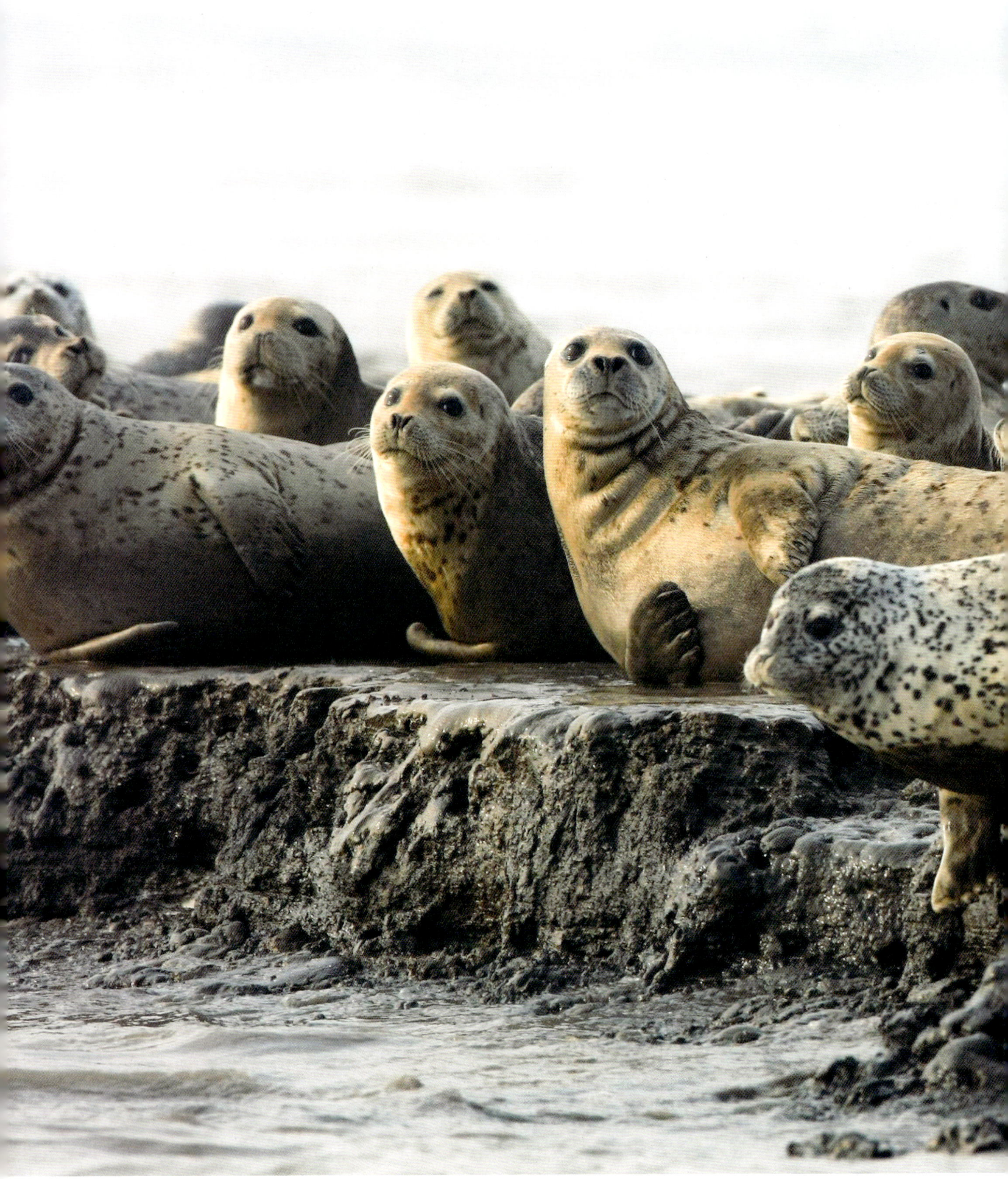

生活在辽宁盘锦海域的斑海豹（*Phoca largha*） 📷 Cynthia Lee

秦皇岛

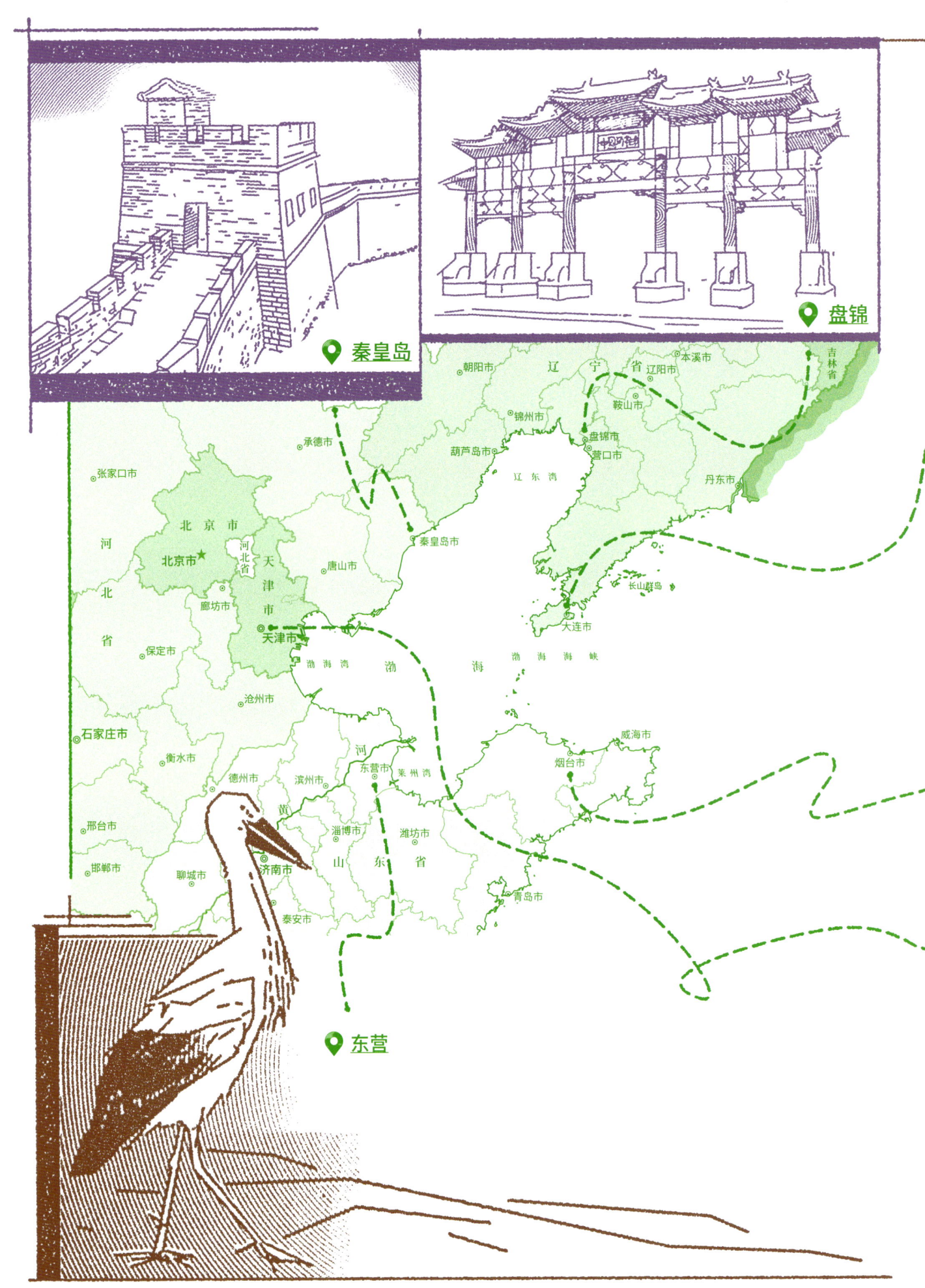

盘锦

东营

● 辽鲁津冀海岸路线

180

途经城市

大连市—营口市—盘锦市—葫芦岛市—秦皇岛市—天津市—东营市—烟台市—威海市

推荐景点

- **大连市** 旅顺口区
- **营口市** 近代建筑群
- **盘锦市** 红海滩
- **葫芦岛市** 兴城古城
- **秦皇岛市** 山海关及角山长城
- **天津市** 大沽口炮台、五大道
- **东营市** 黄河三角洲
- **烟台市** 蓬莱阁
- **威海市** 刘公岛

推荐时间

9月底—10月中旬

Kristin Zhang ○ 自由撰稿人，县级市旅行爱好者。

"三湾一峡一盆"

渤海是中国最北的近海，位于辽东半岛与山东半岛之间，旧称北海、直隶海湾，被辽宁省、河北省、天津市、山东省陆地环抱，仅东部以渤海海峡与黄海相通。从陆地的视角看，渤海由北向南依次为辽东湾、渤海湾与莱州湾，这也是人们最为熟悉的渤海海岸线；在此基础上，加上三湾所围绕的渤中洼地及渤海海峡，形成了地貌意义上的"三湾一峡一盆"格局。

渤海是华北陆块与辽东陆块的交会处，其基底形成于中生代（约 2.52 亿年至 6 600 万年前），到新生代早期，这里开始发生大规模的沉降，先形成了盆地，而后成为内陆湖泊，被称为"古渤海湖"；到新生代中晚期（约 260 万年前至今），随着全球海平面的上升，海水从黄海和东海方向侵入渤海盆地，最终形成了渤海；而随着黄河、海河、辽河携带大量泥沙进入，广阔的三角洲和滩涂湿地也有了雏形。

作为一个近封闭的陆架浅海，渤海的海底地形相对平坦，平均水深约 18 米，最深处约 70 米。相比于平均水深 370 米的东海，渤海显得相当小巧温和。与之相似，渤海海底也主要以泥沙沉积物构成，以更加精细的三级地貌划分，这里主要分为潮滩、水下侵蚀—堆积岸坡、陆架堆积平原、海湾平原、现代潮流沙席等地貌，其形成大多离不开河流沉积物的输入、构造作用，以及波浪及潮流作用的影响。这也使得渤海海底沉积物以细沙、粉沙和黏土为主，富含有机质，适合海洋生物的繁衍，也蕴含着丰富的石油和天然气资源。

渤海地区属于温带季风气候，四季分明。冬季寒冷干燥，夏季温暖湿润，春秋季较短。在渤海北部，尤其是渤海湾北部及辽东湾，冬季常常有海冰形成，从每年 12 月直至次年 3 月，冰层厚度可达 20~40 厘米，虽然对航运和渔业会有一定影响，但这也为渤海带来了不同于中国其他海岸线的独特个性。

渤海海水冬季易于结冰的原因，除了低温，还在于它是中国近海盐度最低的海域，表层盐度年均为 30‰ 左右。盐度的影响，加上水温条件的不同，在地图上

泥沙淤积而成的渤海湾滩涂，远看如同"大地之树" 📷 Cynthia Lee

迁徙季的渤海北部海岸
📷 YongXin Zhang

看似"难舍难分"的渤海与黄海，事实上并不相融，在二者的交汇处，颜色截然不同的水体仿佛被无形的屏障分隔。在辽宁旅顺的老铁山岬黄渤海自然分界线观景区，或是登上烟台长岛眺望海面，就能清晰地看到黄海、渤海色差分明的分界线。

由于大量河流注入，渤海沿岸最为典型的地貌就是湿地，其中以黄河三角洲湿地与辽河三角洲湿地最为著名。辽河三角洲湿地主要位于辽宁省盘锦市，这里整体地貌属河流下游平原草甸草原区，以苇田、沼泽草地、滩涂为主，有着目前面积居世界首位的滨海芦苇沼泽。这里树木较少，却有着丰富的草本植物，如芦苇、慈菇、三棱草、碱蓬、水蒿等。这里是东亚至澳大利亚水禽迁徙路线上的中转站、目的地，有国家一级保护鸟类丹顶鹤、白鹤、白鹳、黑鹳，国家二级保护鸟类大天鹅、灰鹤、白额雁等；值得一提的是，辽河口国家级自然保护区还是全球最大种群的黑嘴鸥（*Saundersilarus saundersi*）繁殖地，保护区内的黑嘴鸥数量超 1.2 万只。

相比于辽河三角洲，黄河三角洲则是一片更加"流动"的区域，由于黄河携带的大量泥沙，这一片冲积平原在历史上一直不断向外扩张。现代意义上的黄河三角洲通常以垦利区渔洼为顶点，北起挑河湾，南至宋春荣沟口的扇形地带。虽然由于土壤的盐碱化，黄河三角洲并没有辽河三角洲那样著名的物产，如盘锦河蟹和大米，但这里却富含油气，著名的东营胜利油田就在此区域内。

184

历史上，黄河曾多次改道，这为黄河三角洲带来了岗地、坡地、洼地及河滩高地等微地貌景观，使其成为一个旱、涝、碱多灾害地区。黄河入海口处以滨海潮土、滨海盐土为主，有趣的是，由于海潮和黄河的双重作用，这里的地貌是在原本就含盐量很高的滨海盐渍物质上，又加盖了一层源自黄土高原的冲积物。这里本来有着大片的天然柳林和柽柳林，而在垦殖之后，小麦、高粱、大豆都成了特色物产。有湿地自然就会有鸟类，黄河三角洲也是国内著名的观鸟胜地。位于黄河入海口附近的黄河三角洲国家级自然保护区是东北亚内陆和环西太平洋鸟类迁徙的重要中转站、越冬栖息和繁殖地，目前已有370余种鸟在此栖息。

除了由河流带来的湿地，渤海沿岸也有许多值得探访的岛屿目的地。比如中国北方最大的群岛之一大连长海县的长山群岛，以沙滩和海蚀地貌闻名的大小长山岛、广鹿岛、獐子岛拥有原始的自然风光和丰富的海洋生物资源，其中獐子岛以海参养殖闻名，海水清澈，非常适合潜水与海钓。而山东烟台的庙岛群岛，则体现着妈祖文化在北方渤海沿岸的影响。除此之外，还有以九丈崖、月牙湾等自然景观闻名的南长山岛。

如果是自然地理爱好者，大连旅顺的蛇岛同样值得一去，这里有着世界闻名的独特生态系统，岛上生存着2万余条中国特有物种蛇岛蝮（*Gloydius shedaoensis*），在物种保护及药用上都有着极其重要的价值。岛上设有专门的蛇博物馆，展示蝮蛇的标本、蛇岛的地质历史和生态保护成果；胆子大的游客也可以选择专门的徒步路线，在专业导游的带领下，穿越岛上的原始森林和海岸线，在保证自身安全的情况下，近距离观察这里的蝮蛇和鸟类。除此之外，在大连斑海豹自然保护区，还有机会见到国家一级保护动物斑海豹。

斑海豹在我国主要分布于渤海和黄海海域
📷 梦爽

文化交融的
前线

渤海地区是一片被山海环抱的沃土，这里是中华民族的母亲河——黄河的终点，也是如今我们熟悉的许多文化风俗的起点。

早在新石器时代，渤海地区就有人类活动的踪迹。辽河流域的红山文化遗址出土了代表早期中华文化龙图腾崇拜的玉猪龙；山东青州的大汶口文化遗址所出土的薄胎磨光黑陶，则体现了中华文明早期制陶业的发展；还有由大汶口文化进一步发展而来的龙山文化，青铜器文化逐步成形。

到先秦时代，这里是燕国与齐国暗自较量的战场，而秦始皇一统六合之后也同样重视渤海地区，先东临碣石，而后入海求仙，都体现了渤海在当时的重要地位。《山海经》记载："碣石之山，绳水出焉，而东流注于河。"这也成为秦始皇东巡的重要目标，无论历史学界如何争论碣石的具体位置，"东临碣石，以观沧海"中的沧海为渤海是可以确认的。从现代人的视角来看，渤海上的三仙山蓬莱、方丈与瀛州，大概率不过是海市蜃楼，但它们依然激起了无数君王对仙境与长生的想象，这也使得时至今日，蓬莱在世人眼中有着别样的意趣。

自汉代起至魏晋南北朝，渤海地区作为文化交融前线的意义更加凸显。在中央政权强势之时，渤海是东北亚海上丝绸之路的核心，汉代的文化经由渤海传播至朝鲜半岛与日本；而在各方势力逐鹿中原之时，这里既是各方势力争夺的焦点，又是民族融合的前锋地带。公元291年至306年，由西晋皇族内斗引发的"八王之乱"导致北方各少数民族纷纷脱离控制，而后的五胡乱华更是加剧了整个中国北方的动荡，渤海地区也未能幸免；然而，从后世的角度看，在这一历史时期陆续登场的各少数民族的文化，却都以不同的形式留存在了中国北方人的基因中。

隋唐时期，随着东北地区渤海国、契丹、黑水靺鞨等少数民族政权的崛起，渤海地区再次在海上贸易与文化交流中焕发生机；至宋元，海上贸易的再度起航也让渤海一带形成了能与南方港口呼应的对外贸易格局。明朝时期，渤海地区成为防御倭寇和北方游牧民族的重要海防前线，但这依然没有阻止渤海在接下来的几个世纪中诞生出历史的无数转折。

虽有 1626 年宁远之战的大捷，但彼时已是强弩之末的明王朝，依然无力阻止后金政权占领辽东后沿渤海辽西走廊一路向前；1644 年，吴三桂放弃山海关并引清军进入，由此提前宣告了中国封建王朝史上的最后一位赢家。随着清政府延续明代海禁政策，渤海一带再次沉寂，直到近代重新走到历史的聚光灯下。1860 年第二次鸦片战争后，清政府与英法签订《北京条约》，天津被迫成为渤海沿岸首个开埠城市；次年，烟台、营口两个城市分别替代 1858 年《天津条约》中的登州、牛庄开埠；到 1898 年，俄国又通过《旅大租地条约》强行租借了旅顺和大连湾。

中国近代港口开埠的历史固然是列强侵略的结果，但客观上也成为中国近代化进程的重要推动力。这些城市因为不同的历史原因而开放，与世界相连，又因其不同的开放性质，城市内所留下的近代化面貌也不尽相同。

比如天津在商贸鼎盛时期，曾经同时作为 9 个国家的租界区，列强在其间既相互竞争，又需要相互合作以完成公共卫生基础设施建设，这也使得天津租界的建筑呈现出多个国家的特点。而与之对应的是接连被俄、日两国独占的大连，在 1904 年日俄战争之前，俄国拥有大连的绝对独占权，甚至对于大连之名的由来，也有一种说法是源于俄语中指"远方"的单词 Дальний 的音译"达里尼"；1905 年日本占领大连后，扩建了大连的港口，按照当时的城市规划理念重新划分了大连城区，并留下了几乎复刻东京上野火车站外形的大连火车站。

清末天津日本租界的街道、天津劝业场正门

如今在天津五大道万国建筑历史文化街区，可以看到各国风格的建筑
📷 面条

19世纪对外开放的天津港口

从现行行政区划来看，渤海沿岸包含了辽宁省、河北省、天津市和山东省四个省级行政单位；而从地域风俗上细分，则可划分为东北区（包括辽宁和河北部分地区）、华北区（河北、天津及山东部分地区）及胶东区（山东部分地区）。由于清王朝在历史上的统治，东北区与华北区都有着浓厚的满族文化印记，且与内陆地区互动较多，深受内陆地区经济政治地位更加强势的城市（如北京、沈阳）影响；而胶东半岛由于北临渤海南接黄海，则有着更强的海洋文化属性，也因此与山东省其他内陆城市区分。

在饮食上，整个渤海流域最重要的菜系便是鲁菜。鲁菜进入北京后经达官显贵的家厨改良，便形成了影响覆盖北京、天津的京菜；而与传统上使用大量野味的东北少数民族菜式融合，则有了如今的东北菜。因此，整个渤海湾一带在饮食上的追求可以说与鲁菜一脉相承，原料质地优良，以盐提鲜，以汤壮鲜，调味讲求咸鲜纯正。许多菜式，都会用葱姜蒜来增香提味，甚至有专门的葱烧菜。由于山东盛产大葱，葱在烹饪中的影响力也由鲁菜渗透至整个渤海地区，最著名的当数葱烧与渤海特产海参的结合。在烹饪方式上，炒、熘、爆、扒、烧，几乎也都需要用到葱。

鲁菜深刻塑造了渤海海鲜的烹饪特色：当地更重调味技法而非凸显本鲜，既传承了葱烧海参、油焖大虾等经典菜式，又独创了海鲜入饺的饮食符号——从传统鲅鱼饺到新兴海胆饺，这类特色风味已从渤海辐射至北上广等城市。此外，大连焖子、津味煎饼馃子与烟火气十足的海鲜烧烤，共同构成了独特的海滨食俗图景。

渤海与黄海、东海的海鲜生态差异显著：由于渤海具有水温低、盐度低、水深较浅的特点，其冷水海域更适宜贝类和甲壳类生长，形成了以梭子蟹、鲍鱼、海参、海胆、牡蛎为代表的特色海产；而水热条件更优的黄海和东海则以黄鱼、带鱼等鱼类为优势种群。这种生态差异造就了渤海"贝甲天堂"与黄东海"渔获主场"的鲜明对比。

黄河口观鸟记

深度阅读

"你想看'鸟浪'？"黄河口生态旅游区的电瓶车司机从后视镜里看我一眼，"来的不是季节啊，这两天还冷，鸟都窝着呢。"

司机的一番话，让我本已凉了半截的心彻底凉了下来。从驶离高速公路起，导航系统就显示我一直在与黄河并行，可这一路上，我没有感受到一点印象中黄河的气势，也没觉得自己已经从内陆地区来到了滨海的三角洲地带，更没看到什么像样的鸟类。而成群的鸟组成的鸟浪，是山东东营黄河口湿地最出名的景观之一。

这片依托山东黄河三角洲国家级自然保护区而建的湿地位于黄河口现行入海口两侧新淤地带，拥有中国暖温带最完整、最广阔、最年轻的湿地生态系统，是东北亚内陆和环西太平洋鸟类迁徙的重要中转站和栖息地。到2024年底，保护区的鸟类已有370余种，丹顶鹤、白头鹤、东方白鹳、白鹈鹕、勺嘴鹬、黑头鸥等都能在这里觅得。自2023年起，这里还在冬季连续举办了两届黄河口国际观鸟季活动。这也将我对此次观鸟之行的期待拉高了许多。

作为常年自驾旅行的人，我很熟悉这种大江大河旁的乡镇级公路。两车道宽，路肩极窄，超越沥青上的白色实线之后，最多再让出半个车身长的土石路面，而后就是斜45°甚至60°的坡面，再往下就是奇形怪状的湿地。在到达黄河口生态旅游区之前，将近40分钟的路程都是相似的景观，我不免觉得有些乏味。而在距离目的地还有十几分钟时，远处天空中出现的一条条涌动的黑线又突然拉高了我的期待值，我知道那是大雁在结队飞行。我慢下车速粗略数了数，最大的一群大概有不到20只。可让我没想到的是，那就是我在遇到这位戳破我幻想的电瓶车司机之前，见到的数量最多的一群鸟了。

撰文 / Kristin Zhang　　编辑 / 周依

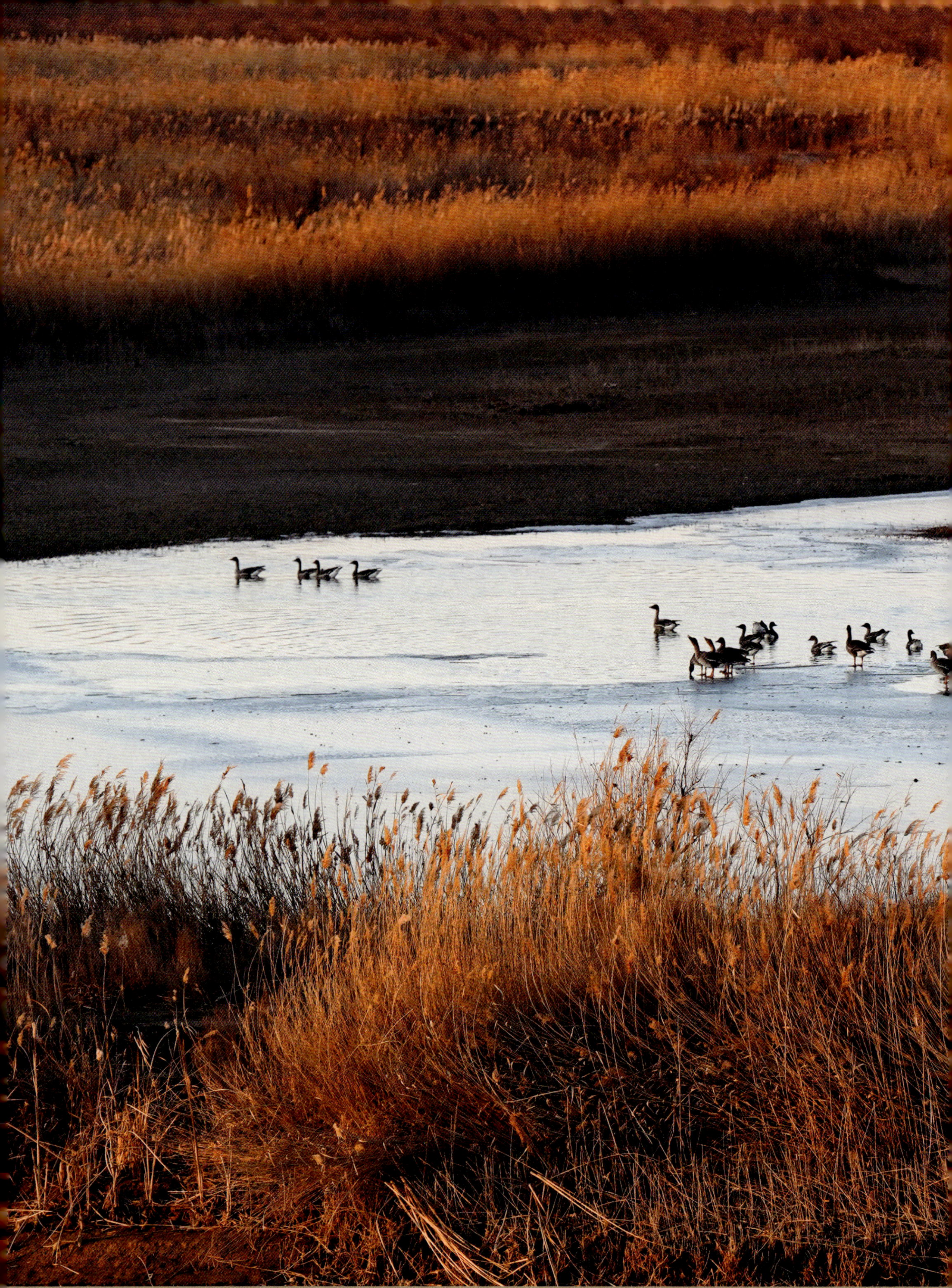

秋冬时节的东营黄河口湿地，鸟群悠闲地在水面游荡　📷 蓝曜石

栖息在湿地芦苇丛中的白琵鹭
(*Platalea leucorodia*)

但身为毫无经验的"观鸟小白",专程驱车上百公里来到此地的我并不死心,追问着这位长期在黄河口边工作的"内行人士":"那么哪里的鸟多点啊?"

"你要是想看白鹳,就往海那边去。"他一手扶着方向盘,另一只手往背后指了指,"但是要想找鸟多的地方,就去里边的麦田吧。这个季节不好找吃的,它们可能会藏在地里。"

于是我将信将疑地下了电瓶车,走出景区,开启了我一天半的寻鸟之旅。

part 01　隼

其实,在景区的半天时间里,也不能说是毫无收获。至少,我看到了几只在公路旁闲逛又被人的脚步声惊跑的孔雀,几只站在电线杆上、偶尔振翅飞行一段的东方白鹳,在冰面上悠闲溜达并和人类一样会脚底打滑的豆雁,还有长得和Emoji(表情符号)非常像的鸭子——通过景区张贴出的科普内容我得知,这种鸭子的学名是青头潜鸭。

在此之前,我起了一个大早,沿高速公路从济南来到东营,在2月初这个时节,周遭的景色无聊至极。这一路从未离开过华北平原的地界,这里地势过于平坦,以至于视线全都被高速公路两旁没有一片绿叶的树木枯枝截断,像是行驶在某款景观设计粗糙的模拟人生游戏中。晴天,但天空却不蓝,灰蒙蒙的,没有更高纬度北方地区的那种空气净度;近来又没有下雪,视线所及皆是一片灰黄。

从东营市区北部的集贤村离开高速后,便沿着黄河在一条没有路肩的乡镇公路上前行。这里倒是没有枯槁的行道树遮挡视线了,可放眼望去,大片盐碱地与麦田、水塘、沼泽混杂的景色依然无法用"赏心悦目"来形容。尤其是临近入海口的黄河,远不是我想象的样子——不像我在青海、河套平原、壶口瀑布见到的那样,它没有一点大江大河的气势,倒像是华北农村常见的一条再普通不过的小河沟。我本以为在这里至少可以看见几只海鸥,给我带来一些关于大海的想象,可是也并没有看到。

我注意到的第一只鸟是一只隼,那是为数不多的、在驾驶过程中我可以认出的鸟类。隼很特别,你看到它的时候它总是在滑翔,似乎它根本无须费力扇

192

动翅膀，只需将最尖端的几根刀锋般的羽毛彻底张开，就能掌控这一片土地的制空权。它略带向下弧度的头颈、尖喙，连同背部和楔形的尾翼形成流线型，有一种天然的高贵感，这也是它猎杀能力的具象化体现，能够让它在发现猎物后以最快的速度俯冲至地面，而无须担忧气流扰动产生的阻力。

飞行中的游隼
(*Falco peregrinus*)

每次在自驾途中看到隼，我都会忍不住放慢车速多看一会。我记得曾经在某处读到过，想要观隼，你需要费些时间和精力：要让它们认得你、接受你，必须总是穿着同样的衣服，按照同样的方式出现。这次我显然没有这种时间，而这条笔直又实在算不上宽的公路也在时刻提醒我，别盯着天上看了，先握好方向盘。

part 02

东方白鹳

告别那只隼后，眼前又变得空空荡荡，公路笔直地伸向我看不到的远方。

这景象让我联想到年幼时去配眼镜时使用过的验光设备，把下巴固定上去，睁开一只眼睛看到的便是医疗器械厂商为你准备好的画面：一条笔直的公路，一会儿实一会儿虚，毫无变化。不过至少那景象里，公路的尽头还有一个巨大的彩色热气球。我期待着一会儿到了景区里，一阵鸟浪能成为我这路途上的"热气球"，让我这一路的追寻不至于最终沦为一片虚无。幻想总是美好的。

进入景区，我就坐上了那辆限速每小时30公里、发出"嗡嗡"怪响的电瓶车，周遭的景色和方才的公路几乎没有任何区别。我看着那些现实般骨感的柳树——在景区入口处我得知了它们的名字叫"柽柳"——只觉得它们生得苦相，在冬天里看就更显狰狞，像是《哈利·波特》中的"打人柳"，专"打"我这种毫无常识、经验，只会幻想的观鸟新手。

在跟随着电瓶车行程依次"考察"了景区中的白鹳湖、天然柳林、雁湖和泥滩之后，依然没什么收获的我决定前往鸟类科普园，一来应该先学习些专业知识，二来那是我唯一确定能看到鸟的地方，尽管它们被关在笼子里。

透过鸟类科普园中的绿色铁丝笼网，我终于得以近距离看到东方白鹳，这也

193

是景区电瓶车司机们最常给游客指出的鸟种。在车上远观时，东方白鹳看上去总是很悠闲，要么在电线杆上站着，要么飞得很缓慢。它们的翅膀舞动起来像是路旁湿地中的芦苇随风飘荡，呼扇呼扇的，不似隼的刚硬平直，更像是舞动的绸带，让你怀疑它的翅膀可以灵活地分成好几节，否则不会看起来那样柔软而富有律动感。

近距离观察这种国家一级重点保护动物，最吸引我注意力的倒不是它翅膀的结构和形状，而是它身上的颜色。虽被称为"白鹳"，可它却是黑尾黑嘴，脚则是甜菜根一般的紫红色。我尤其被它尾部的黑色羽毛吸引，似乎从未在自然界中见到过纯度如此之高的黑色。在背光的区域里，你看不清那团黑羽本该呈现出的一丝一缕，它更像是把本该立体的尾羽压缩到了一张平面的画上。

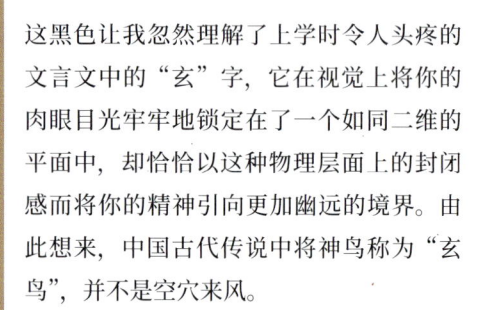

东方白鹳
(*Ciconia boyciana*)

这黑色让我忽然理解了上学时令人头疼的文言文中的"玄"字，它在视觉上将你的肉眼目光牢牢地锁定在了一个如同二维的平面中，却恰恰以这种物理层面上的封闭感而将你的精神引向更加幽远的境界。由此想来，中国古代传说中将神鸟称为"玄鸟"，并不是空穴来风。

part 03

滩涂与雪块

从景区出来，距离电瓶车司机师傅告诉我的"观鸟黄金时段"傍晚还有些时间，我决定先沿海岸线寻找刚刚近距离观察过的东方白鹳。我折返到进入景区前的岔路，沿着另一条通向海边的公路行驶。果然，我又看到了东方白鹳，可依然是零星的几只。

但令我没想到的是，这条路上让我惊叹的景观并不是鸟类，而是公路尽头的滩涂。困扰了我一天的平原地势的"平坦"，在这时变成了一种震撼。

这条公路前段一路向东，在终于抵达了人类工程地基无法撼动的海陆交接地带后转而向南。随着车子的深入，公路两边的芦苇、柽柳、枯草堆、水泡子、田垄和排水渠逐渐消失，像是被某种更巨大而无形的力量吞噬，直到梯形的水泥堤坝出现，将灰色的公路和暗赭石色的滩涂清晰地分开。

我将车停在路边，感受着从渤海上吹来的毫无遮挡的海风，我意识到这是我见过的最"平"的事物。陆地上的平原不会如此平坦、纯粹且空无一物，而那种"平"又和海面的"平"不是同样的感觉。因为在面对大海时，海洋一望无际的想法会先行进入头脑，你不会试图把自己的视野放远、放远，直至大海的边界。可是滩涂却不一样，你知道它终将止于一片海浪，这种念头会诱惑着你去寻找它的边界，诱惑着你站到更高处去眺望它，用你肉眼所接收到的视觉信号去衡量它，即便那根本无法实现。

我重新发动车子，保持着时速 50 公里左右一路沿着梯形水泥堤坝继续开，过了 20 分钟，那片纯粹的暗赭石色上才终于多了一点点零星的灰白点缀，那是尚未化尽的、凝结成小块冰面的残雪。那些雪块看上去很像是滩涂上生长出来的灵芝，因为底部受到流动的力量侵蚀，仅能保留住一点根基，而上半部分则更大，像是灵芝展开的伞状菌盖，只不过顶部是海风蚀刻的痕迹。不规则的冰晶正在聚拢以保持它们赖以"生存"的温度，可是很快，它们也会融化，消失在这无边无尽的褐色中。这些雪块看上去并不起眼，但是给了我一些"站在渤海沿岸黄河入海口"的体感。尽管黄河依然算不上"现身"，但我却"看到"了它的踪影，它的威力。那些发白的冰晶似乎也在提醒着我，你所在的地方，几乎是中国唯一一片冬季会结冰的海岸。

我见到过不少令人震撼的自然景色，雪山、星空、巨大的单体岩石、把天空聚拢成一线的峡谷，可是那种震撼和眼前的滩涂是不同的。那种景色会"面对"着你，它们的展开方式是立体的、垂直于你的视线，用一个巨大的切面"竖"在你面前；可滩涂不是，滩涂不会理会你，除非你获得和东方白鹳一样的视角，否则它永远不会向你展开它的全部，你只能想象。

因为这种极致的平坦，以滩涂的视角来看，你不过是上面一个小得不能再小的点，和那些尚未化尽的雪块、一块嵌入海泥里动弹不得的石头，没什么不同。

鸟群在冰雪覆盖的
黄河口湿地漫步
📷 杨天宇

part 04

雁群

在东营的第二天下午，结束了市区和北部港口区域的探索后，我停在了一片芦苇荡旁，看着水面上悠闲的大天鹅，试图理顺我这一天半以来获得的所有信息。我还有最后一次寻找鸟浪的机会，就在即将到来的傍晚。

黄河口生态旅游区的科普告示栏告诉我，在全球的9条候鸟迁徙路线中，这里是横跨东亚—澳大利西亚路线和西太平洋迁飞路线的共同必经之地，大多数鸟类来到这里的目的是越冬，这是一个审慎的、关乎生存的目的；景区电瓶车司机告诉我，最近几天天气冷，所以鸟需要去农田里找麦芽吃，而不是在海风毫无遮挡的滩涂湿地间乱飞；小红书上的观鸟攻略告诉我，在景区入口和某条公路的交接处，运气好可以看到鸟浪，而最佳的观测时间是傍晚日落时分。

我根据这些信息展开了推理——根据我前一天的观察，虽然有部分鸟类会在冰面上走，可是它们更常聚集的地点还是水面上没有完全冻结的地方。在从北部的港口区域返回东营市区时，国道附近、远离盐碱地和海岸滩涂的区域，似乎有比景区附近更多的大雁活动。在我当下所处的位置，尽管会有雁群飞过，可是它们的最终目的地总是更深入村镇，这条228省道似乎就是某种界限。而小红书上网友分享的照片上，一轮红彤彤的落日镶嵌在画面中央，这意味着其观测方向是朝西面内陆的。我想起前一天经过的一段黄河铁浮桥，也许那里可以成为一个导航目标点。

我决定去碰碰运气，再次驶向了这条没有路肩的公路，这次我才发现它是有名字的，叫作"南防洪堤"。一路笔直向西，还未到落日时分，但临近傍晚黄蓝交接的天色，已经为脚下一片平坦的盐碱地染上了饱和度更高的黄。我忽然觉得这景色没有那么令人生厌了，在有些刺眼的阳光的照耀下，强烈的色彩也让它们的存在感强烈起来，我似乎看到了这片土地的性格，带着某种不屈服的态度。我记得在科普内容里读到过，黄河口的这片盐碱地，是在本身含盐量就极高的滨海盐渍物质上又加盖了一层来自黄土高原的冲积物，但原来，如此贫瘠的土地也不是毫无生气的。

距离我行驶的目的地越近，便能看到越多、越大型的雁群。最终，当我终于开到那座铁浮桥的收费站点时，却发现它今天已经关闭了，浮桥断开了，我没有办法再开过去。可就在我将车子熄火，平静下发动机的声音之后，我好像听到了别的声音。摇下副驾驶位的车窗，恍惚间我觉得自己来对了地方。

我再次把车子停在路边，顺着黄河边用碎石砌起的堤坝小路，远处的麦田，是越来越清晰的一片灰黑色。我回头看向那个无人的收费站，夕阳恰好定在河面上，断开的浮桥为夕阳投下的光影留足了反射的空间，我想这就是诗词中描写的"长河落日圆"。

然而，似乎是由于我脚踩在碎石上的响动，远处的灰黑色阴影也变得躁动起来。我无暇顾及身后的日落，迎着体感-18℃的冷风奔跑起来，就在我跑到那段碎石路的尽头时，远处的阴影升空了。一瞬间，成千只，也许上万只豆雁渐次起飞，从河岸边到更深的麦田中，仿佛一条巨蟒腾空跃起，摇摆着，扭曲着。我这才发现，原来不只麦田、河岸，河中央还有一处看似是芦苇荡的小洲，那上面也并非枯草，而是聚集的雁群。它们似乎感受到我的到来，而在这空无一人的旷野上，我像是唤醒了沉睡在此的某位神仙的坐骑。

原来这就是鸟浪，原来《逍遥游》中的描写——"北冥有鱼，其名为鲲。鲲之大，不知其几千里也；化而为鸟，其名为鹏。鹏之背，不知其几千里也，怒而飞，其翼若垂天之云。"——并不是一种空想，而是自然在人类精神上的映射。翻飞的鸟群像涌动在天空中的海浪，似乎能够瞬间将天地吞没，却又随时会消失无影。

在那个时刻，我似乎一下子就理解了东营隔壁城市潍坊的"特产"。每年一到潍坊风筝节，我总会在互联网上看到形状奇异、尺寸令人咋舌的风筝，特别是那些长近千米的风筝。我之前一直觉得很奇怪，只把它当作互联网时代某种博眼球的行为。可眼前起飞的雁群让我意识到，那种风筝代表着人类对天空的向往，就像是《逍遥游》里对超越人类时间、距离尺度的神兽的想象。

能够翱翔于天际之物，自带一种权力的隐喻，而想要做出更大、更长的风筝，暗含着人类对于这种权力的隐秘渴望。因为尽管一只鸟是渺小的，可一旦它们聚集到一起，就会变成一种人类认知里难以触及的庞然大物。那些被放飞上天的风筝所承载的愿望，不仅仅是人们想要超越眼前掠过的飞鸟，获得与它们相似的视角，更是人类想要以血肉之躯，去比肩那些自然造物与生俱来的力量。

不一会儿，雁群再次落下，融化进田野中的暗色，逐渐消失在我的视野中，仿佛刚刚的一切都没有发生。不知道在它们的世界里，我是否曾经真的存在又出现过；不过在我的世界里，我似乎凭借着自己的运气，触摸到了某种自然与人类精神相交的边界。

还能这样玩？

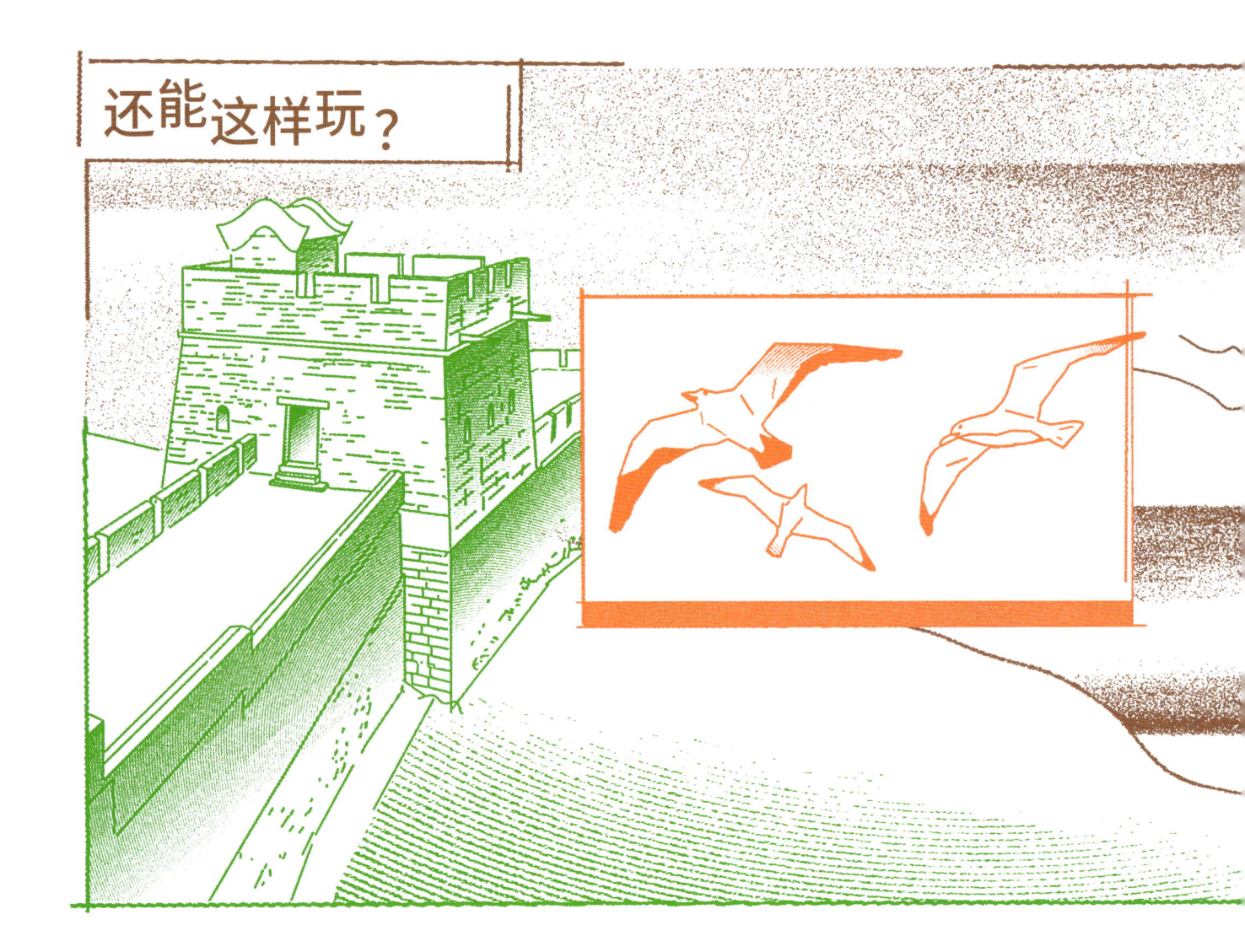

A 乘船体验"闯关东"

乘船地点

📍 烟台市：烟台港客运站
📍 大连市：大连港客运站、大连湾新港客运站

渤海是中国近代史上最大移民潮"闯关东"的直接见证者。由于19世纪末的连年灾荒，山东、河北等地的无数百姓选择举家迁徙到彼时刚刚开放封禁的东北，其中陆路旅途环绕渤海湾展开，海上线路则是由烟台、威海等地出发，乘船直达旅顺、大连。百年之后，虽然"闯关东"已成往事，但是烟台与大连之间仍然保留着跨越渤海的旅游轮渡线路，每日班次充裕，可以选择夜航在船上过夜，也可为车辆办理专门的船票一同渡海。推荐从位于山东半岛的烟台出发，带上一瓶本地出品的葡萄酒登上蓬莱阁，体验传说中八仙过海前的登高望海与宴饮之乐，而后再乘渡轮前往与山东半岛隔渤海相望的辽东。

撰文 / Kristin Zhang　　编辑 / 周依

B "入关"看山海

游玩地点

- 葫芦岛市：兴城古城
- 秦皇岛市：山海关、角山长城

清军入关是中国古代历史上的一次重大事件，而受燕山山脉地形限制，清军突破辽河平原后主要沿渤海湾沿岸的平坦地带进军，由此凸显了渤海湾沿岸两个重要的历史军事重镇，即葫芦岛兴城古城与秦皇岛山海关。兴城古城原名宁远卫城，是明代辽东防线的重要据点之一。在这里，明代著名军事家袁崇焕用来自欧洲的红夷大炮抵御住了女真大军的数次进攻，使努尔哈赤含恨而终；然而，袁崇焕还是未能阻止历史的车轮碾轧向前。突破兴城之后，随着吴三桂的投降与山海关的失守，清军最终一路长驱直入占领北京。除了著名的山海关，这里的角山长城同样也值得拜访。攀上陡峭的长城眺望远方，一定会更加理解山海关"山海"之壮阔。

C 去辽河入海口看红海滩

游玩地点

- 营口市：近代建筑群、北海国家级海洋公园红海滩
- 盘锦市：红海滩国家风景廊道

辽河发源于东北南部，最终向南汇入渤海，入海口东西岸的两座城市营口与盘锦，在国内旅游目的地上无疑算得上"小众"。然而，若以渤海为主角，这两座城市则有着非常独特的代表性。1861年，营口替代中英《天津条约》中的牛庄开埠，成为东北地区近代开埠最早的城市，为这座小城留下了丰富的近代历史印记。而盘锦境内的红海滩则是辽河入海口极具代表性的自然景观，每逢秋季，沿岸湿地的大片盐生植物——碱蓬草变为红色，如同自然织就的红毯铺向天际。

还能这样玩？

D 近代市井 "River Walk"

游玩地点

📍 **天津市**：世纪钟、津湾广场、五大道、天津劝业场、意式风情街、天津古文化街、望海楼天主教堂、天津之眼

在徐皓峰导演的电影《师父》中，赵国卉曾向"师父"陈识提出两个结婚条件：一是每个月要逛一次街，二是每个月要吃一次螃蟹。这一故事背景设定在 20 世纪 30 年代左右，这两个条件则完美体现了当时天津的城市地理风貌。作为渤海沿岸唯一的直辖市，天津自 1860 年开埠以来，就将西方外来文化与中国北方的传统民俗文化有机地融合到一起，例如天津五大道有着"万国建筑博览"之称，而古文化街则保留了杨柳青年画、泥人张、风筝魏等传统手工艺专门店。以靠近天津站的解放桥为起点，沿着海河边来一场"River Walk"（河畔漫步），可以途经 6 座桥，串起世纪钟、五大道等 8 个知名景点。近年来，在海河边跳水的天津大爷也借助社交媒体，成了当下年轻人所追求的"松弛感"的典范。

开席啦！渤海美食

美食推荐

- 大连市：海胆、海参、鲍鱼、虾夷扇贝
- 烟台市：对虾、樱桃、葡萄
- 葫芦岛市：梭子蟹
- 营口市：鲅鱼饺子
- 盘锦市：稻田蟹、西红柿

渤海沿岸属于温带季风气候，得天独厚的自然条件让这里坐拥丰饶而优质的物产资源。尤其是位于黄渤海交汇处海域，受到黄海冷水团余脉影响，孕育出优质的冷水海鲜——无论是大连的海胆、海参、鲍鱼、虾夷扇贝，烟台的对虾，还是葫芦岛远近闻名的兴城梭子蟹，都因低温海水的滋养而肉质鲜美、口感甘甜。当地渔港盛行的"蒸汽海鲜"主打上蒸海鲜下熬粥，低温慢蒸能够锁住海鲜肉质的甜润和鲜美。营口鲅鱼圈出产的蓝点马鲛鱼则油脂丰润，制成鱼馅饺子后仍能保留海洋的气息。除了海鲜，这里的陆产同样突出。大连、烟台等地盛产的樱桃颗粒饱满，充足的日照造就了其高甜的口感，烟台的葡萄更让这里成为中国葡萄酒的主产区之一。盘锦辽河三角洲的湿地气候催生出独特的稻田蟹；盐碱地种植的番茄则果肉绵密，酸度低而甜味突出……这片土地的风土人情，都浓缩在了粗犷而直白的美食滋味里。

201

渤海

黄海

东海

南海

去海边，吃海鲜！

1月~12月
全国常见海鲜月历

编辑/徐晨阳

9月 10月 11月 12月

9月	10月	11月	12月
		东星斑、龙趸	
和乐蟹、红星梭子蟹(又称三眼蟹)			马鲛鱼
合浦文蛤			
		钦州大蚝、沙虫、泥丁	
钦州青蟹			
		宁德大黄鱼	
		舟山带鱼	
三疣梭子蟹			
龙头鱼(又称虾潺)、红虾		嵊泗贻贝	
鲅鱼		乳山牡蛎	
沙光鱼			
东港大黄蚬			
	海参		
黄河口文蛤		刀鲚(又称刀鱼)	
莱州梭子蟹、毛蚶			

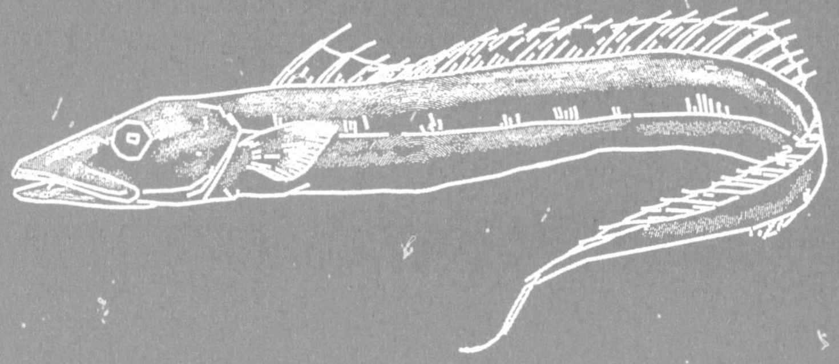

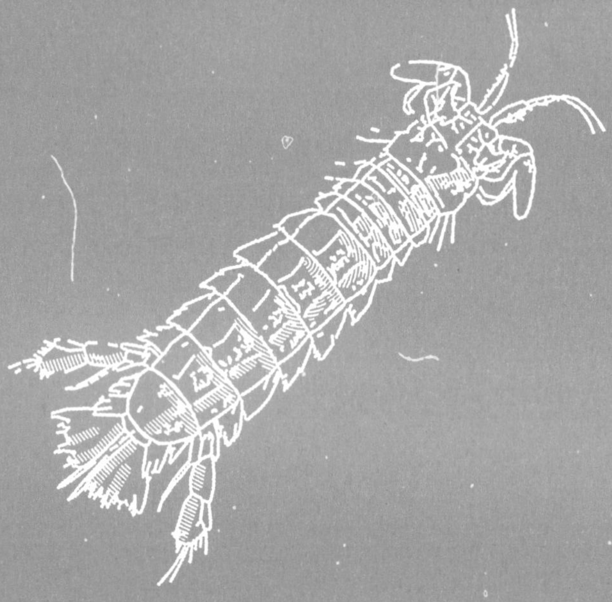

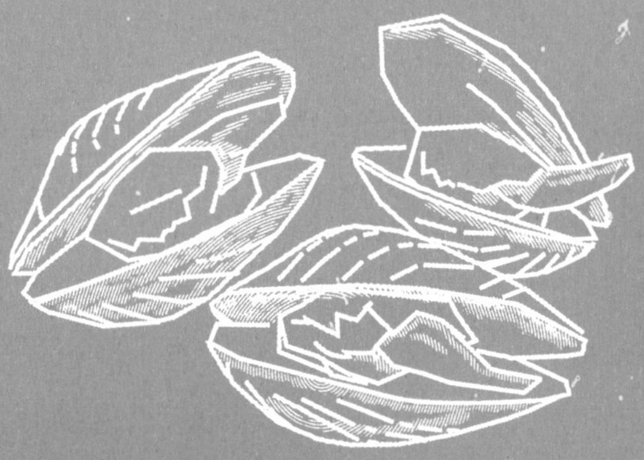

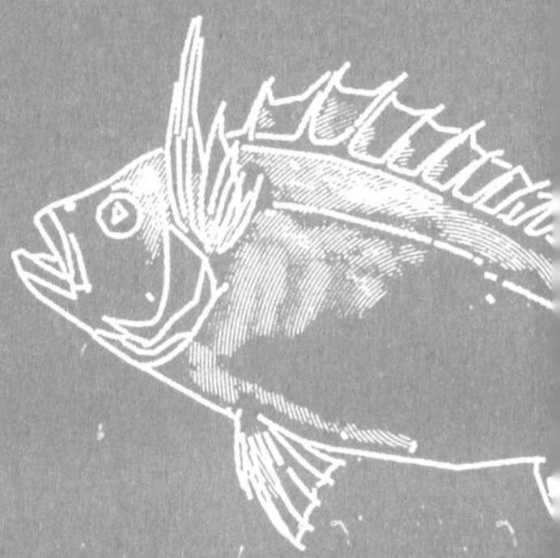
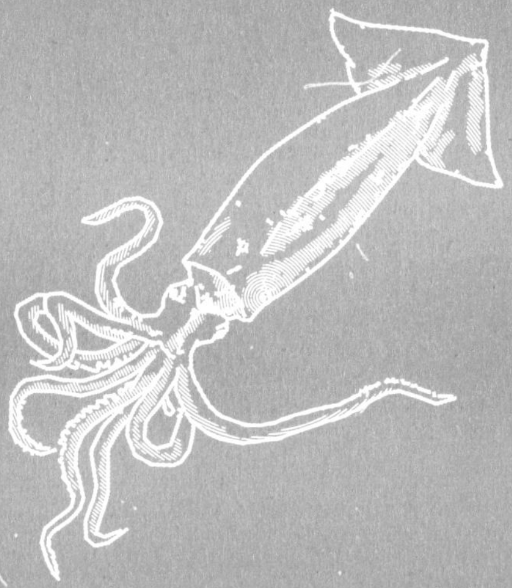
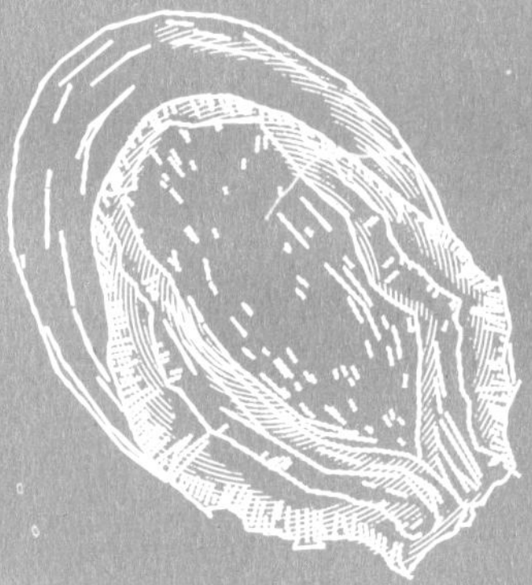
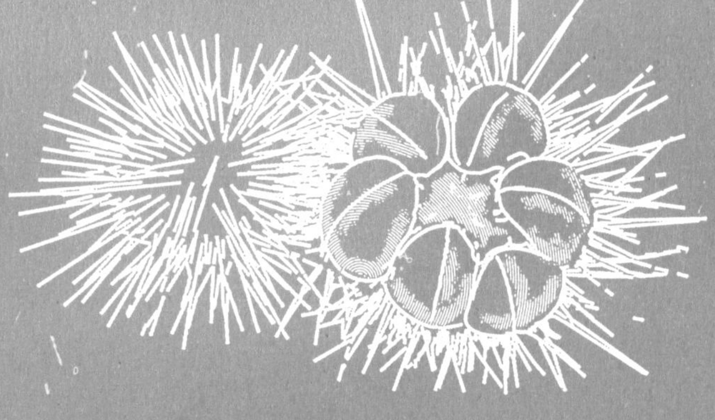

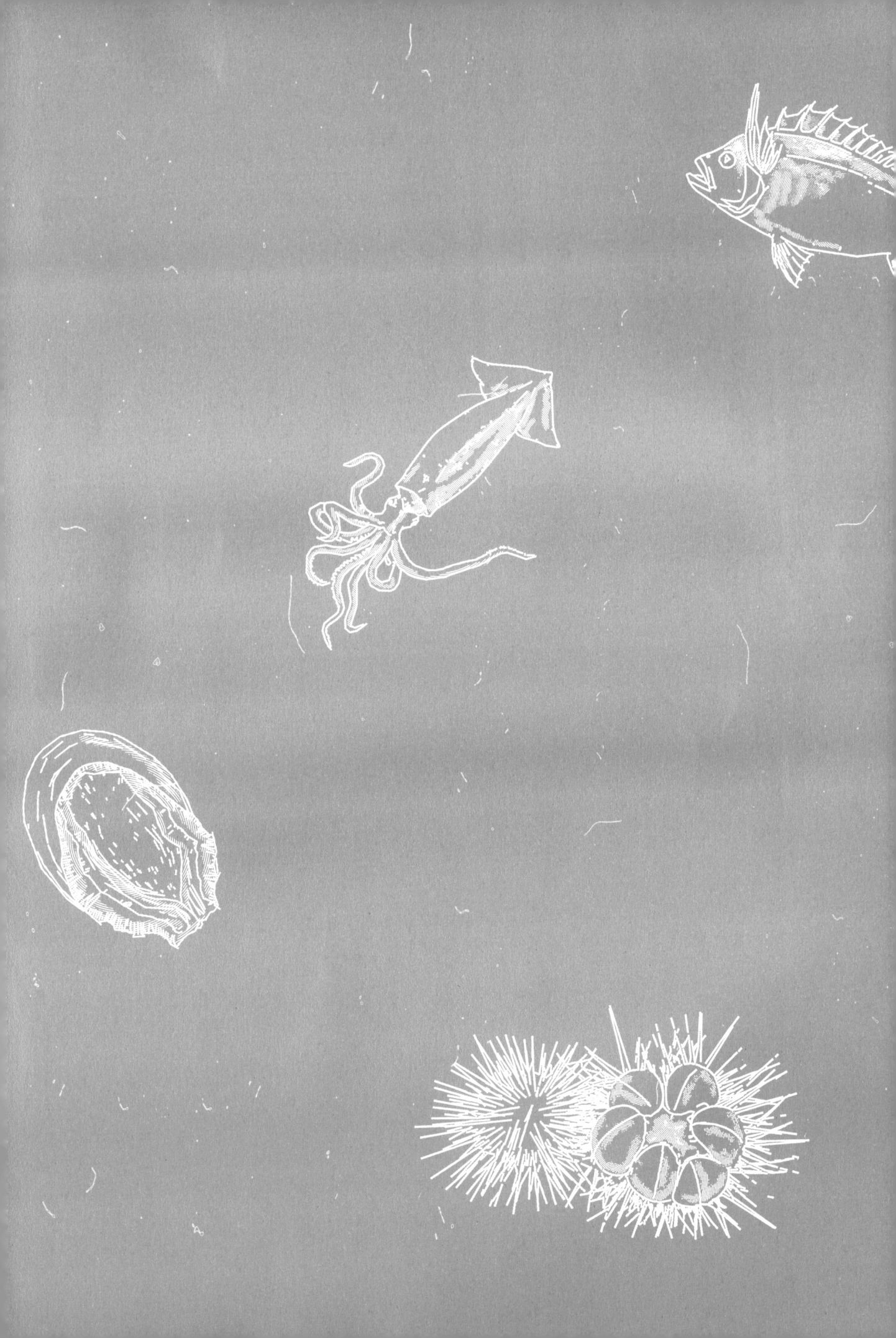

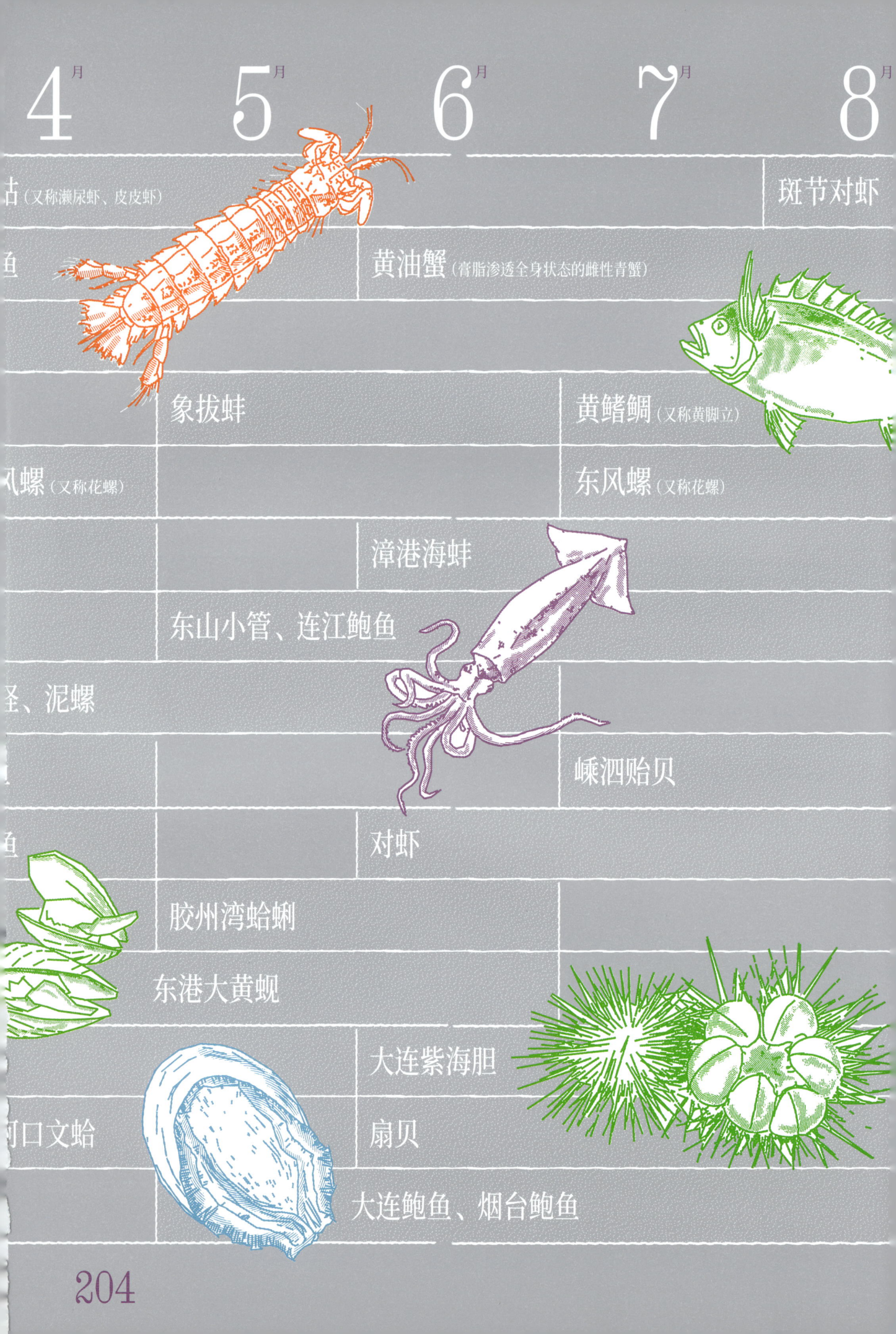

4月	5月	6月	7月	8月
古(又称濑尿虾、皮皮虾)				斑节对虾
鱼		黄油蟹(膏脂渗透全身状态的雌性青蟹)		
	象拔蚌		黄鳍鲷(又称黄脚立)	
风螺(又称花螺)			东风螺(又称花螺)	
		漳港海蚌		
	东山小管、连江鲍鱼			
圣、泥螺				
			嵊泗贻贝	
鱼		对虾		
	胶州湾蛤蜊			
	东港大黄蚬			
		大连紫海胆		
河口文蛤		扇贝		
		大连鲍鱼、烟台鲍鱼		

204

最佳尝鲜期 ▷ 　　海域与地区 ▽	1月	2月	3月
南海　跨广东省、海南省、香港特别行政区、澳门特别行政区、台湾省、广西壮族自治区	东星斑、龙趸 马鲛鱼 　 钦州大蚝、沙虫、泥丁 钦州青蟹	 合浦文蛤 	
东海　跨江苏省、上海市、浙江省、福建省、台湾省、广东省	宁德大黄鱼 舟山带鱼		银鲳 龙头鱼（又称虾潺）、小黄鱼
黄海　跨辽宁省、山东省、江苏省	乳山牡蛎	长蛸（又称八带）	
渤海　跨辽宁省、河北省、天津市、山东省	刀鲚（又称刀鱼）		海参、海肠

* 我国主要海域的伏季休渔期通常为5月1日至9月16日，不同海域具体时段略有差异，且每年可能根据渔业资源状况微调，请以农业农村部及地方渔业部门当年发布的通告为准。

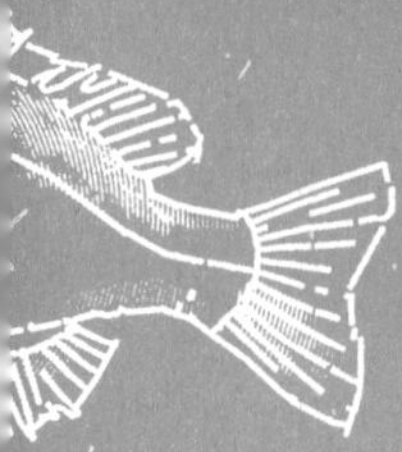
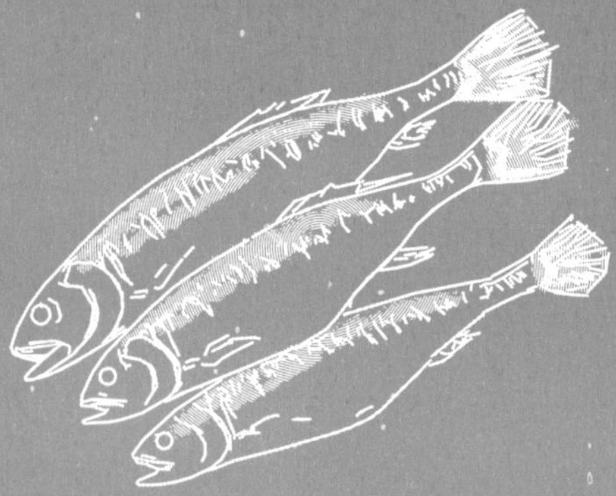
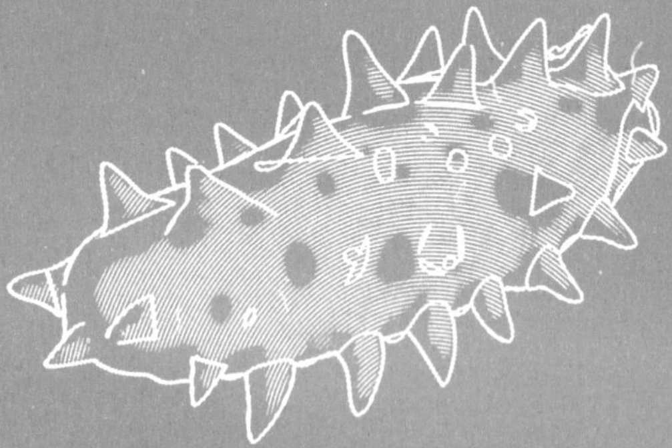
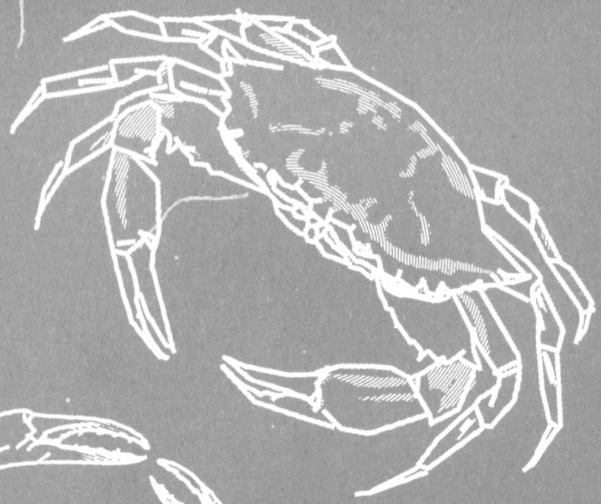
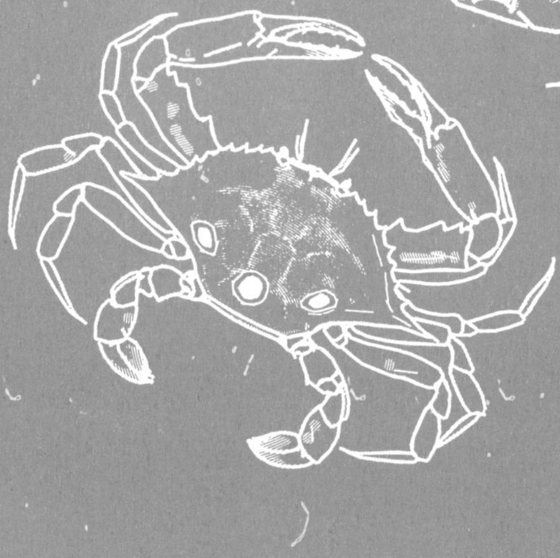

Section 3

我与海的故事

群访

编号223
tjna流浪记
赵依侬
鱼尾君
小墨与阿猴
井越

去海边的理由……

编辑 / 徐晨阳

01

编号 223

以摄影、写作、旅行和出版为创作四件套的艺术工作者。

○ **推荐目的地**

泰国·尖竹汶海岸

○ **推荐理由**

尖竹汶是我这几年去过的最chill（松弛）的海岸线。在去尖竹汶之前，泰国东部海岸线就已经被我列入心中最佳，不只是因为吭哧吭哧的慢火车之旅，还因为那里有大部分未被开发的乡村，随便走走便可以抵达海边。去尖竹汶后心中想法更甚，这个位于泰国东海岸的小城，从曼谷向东穿过芭堤雅（又称帕塔亚）再经过罗勇，沿着海岸便可抵达。这个地方的美好之处在于它的低开发度和清净的氛围，有种近乎被遗弃的没落感，游客非常稀少，寥寥一些本地旅者，也都是自驾来海边度假的。东海岸日照充沛，一到落日时间就能看到漫天绯红。这里遗留下来的生态，有着经过数十年风吹日晒后的陈旧色彩。12月的海水异常静谧，大概是没到海浪季节，轻风细浪，幽静明澈。尖竹汶有绵延几十公里的海岸公路，车少人也少，是骑行的优选路线，随时可拐入沿岸的渔村去。我一直不喜欢过度开发的海边目的地或景区，如今甚至到了出行不看旅游攻略的地步，只是打开地图随心标记目的地。尖竹汶，就是这样一处偶然从地图上发现的地方，令我惊喜。

○ **推荐来这里体验……**

摩托骑行。

尖竹汶海岸没有太多旅游设施，最好的体验方式就是小住几天，在海边发呆或散步来消磨时光。或者租辆摩托车沿着海岸公路骑行，道路一边是热带洋流吹来的暖风，另一边是旷野树林透来的凉意，骑行在这种冷暖之间，会有一种奇妙的体感。

○ **推荐来这里吃……**

懒人蟹肉，就是已完全剥好的清蒸蟹肉。懒人皮皮虾面，是用不带壳的皮皮虾肉做成的面条，能体验到大口吃肉的快感。海螺肉片刺身也是非常好的选择。海鲜必然是这里必须尝试的美食，但如果在沙滩上偶遇简陋的咖啡店，一定要尝尝可口的泰式奶茶。

我的海边精神食粮

♪ Dance with my phone
[泰] HYBS

《占卜师的预言》
[意] 蒂齐亚诺·泰尔扎尼

♪ Happy Together
[加] Floor Cry

212

02

tjna 流浪记

冲浪者、人文摄影师、旅行博主。

○ 推荐目的地

美国·加利福尼亚州 1 号公路

○ 推荐理由

我常说，是冲浪把我带到了更多的地方，让我能从另一个角度探索世界。2018 年，作为大学毕业旅行的其中一段，我刚刚结束了横穿大半个美国的 66 号公路旅程。抵达加利福尼亚州后，我来到南部的圣迭戈，体验了人生第一节冲浪课，然后便决定沿着另外一条著名公路——加利福尼亚州 1 号公路，纵向北上，去看看太平洋东岸。

这条蜿蜒于悬崖上的公路，称得上自然美学与人类工程的浪漫碰撞。它不似 66 号公路那般有着横跨大陆的壮阔感，却将西海岸桀骜的风景浓缩在了 1 056 公里中。当车轮碾上比克斯比溪大桥时，就会理解为什么人们称它是"一生必开一次的公路"——公路右侧是刀削斧劈的圣卢西亚山脉，左侧是太平洋的浪涛拍岸，海风里裹挟着蒙特雷柏木的气味，这种体验让年轻的我第一次感受到深刻的自由。

我一路上走走停停，每到一个小镇都会下高速去吃点东西、租板冲浪。从奥兰治县到圣克鲁斯县，每个海边小城都有独特的冲浪氛围。我遇到了形形色色的冲浪者，他们会在清晨带着板子走向大海，简单的生活似乎很少有烦恼和欲望，浪人的种子也在我心中扎根。到大瑟尔时，我特意停留了久一点，因为这是"垮掉的一代"作家杰克·凯鲁亚克曾经生活过且深爱的地方。这里的悬崖壮阔无边，崖上巨大的松树耸立着，此情此景让人不免想起他书中描述的"永恒的此刻"。

○ 推荐来这里体验……

冲浪、悬崖徒步、房车自驾。

○ 推荐来这里吃……

圣迭戈的墨西哥卷（分量超大）、蒙特雷的海鲜、佩斯卡德罗地区的传统风味饮食。

我的海边精神食粮

♪ *Jody*
[日] 山下达郎

□ 《海边的卡夫卡》
[日] 村上春树

♪ *Reading a wave*
[美] Arp

▷ 《无尽之夏》
[美] 布鲁斯·布朗

♪ *Sun Rise Swell*
[美] Santino Surfers

213

03

赵依侬

33岁开始学习导演的运动博主，播客《宁浪别野》主播。

○ **推荐目的地**

中国·海南省神州半岛

○ **推荐理由**

与其说这是一处旅行目的地，不如说是能让你像本地人一样生活的海岸目的地，更是"宁浪别野"[1]团队过去三年真实生活的容器。在万宁的后海村和日月湾逐渐商业化之后，我们选择在神州半岛住下——这里动静皆宜，能抱着冲浪板追浪，有运动氛围媲美北上广的活力社群，有看不够的夕阳灯塔，同时还有更具生活气息的居民区、菜市场，以及傍晚在小广场跳舞的"候鸟老人"。初来者适合找个公寓短租一阵子，如果喜欢这里的海风和烟火生活，便可就此落脚长居。

1　宁浪别野
2022年，四个运动博主女孩逃离北京，在万宁合租了一个有270度落地窗的冲浪人之家，并为它取名为"宁浪别野"（北京驻万宁冲浪别野），顺势做了一档《宁浪别野》播客。

○ **推荐来这里体验……**

龙滚海崖滑翔伞。

从神州半岛出发，驱车半个多小时就可以抵达龙滚正门岭山顶，这里的滑翔伞是可以从海边的悬崖出发，再回到出发地的。推荐日落时分前往，可以体验到被风托举、后背被绝美夕阳拥抱着降落的滑翔之旅，幸运的话，还可能与飞在山坡上的蝴蝶共舞。

○ **推荐来这里吃……**

荣鑫蒸海鲜!!!（重要的叹号写三次）

我的海边精神食粮

♪《船长》　赵雷

▶《荒野生存》　[美]西恩·潘

214

04

鱼尾君

经常往返于海陆之间收集鱼尾的科考船驾驶员。

○ **推荐目的地**

中国·海南省西沙群岛

○ **推荐理由**

西沙群岛位于中国南海，由众多岛屿、珊瑚礁滩和浅滩组成，这里有着国内最良好的海水条件，同时也蕴藏着丰富的渔业资源，即便是新手也可以体验海钓的乐趣。其中最让我着迷的是那些五彩斑斓的珊瑚鱼——蓝绿色的鹦嘴鱼、金黄可爱的狐蓝子鱼、红色的铁甲兵，还有彩色的神仙鱼，大自然赐予了这片海域无尽的色彩。

○ **推荐来这里体验……**

海钓、潜水、升旗仪式、邮寄明信片。

西沙群岛目前仅对中国内地（大陆）公民开放，可以通过旅行社乘坐邮轮前往，这里有中国最南端的城市——三沙市，可以在此体验一次庄严的海上升旗仪式。这里还有中国最南端的邮局，可以给自己的亲朋好友寄一张有纪念意义的明信片。另外还可以乘坐快艇登陆一些对游客开放的岛屿，踩在白色的珊瑚沙滩和玻璃海上，感受更为纯粹的海的魅力。

○ **推荐来这里吃……**

清蒸东星斑、刺鲍粥、烧石头鱼等，都是当地的特色美食。

四带笛鲷

箱鲀

铁甲兵（黑鳍棘鳞鱼）

主刺盖鱼

我的海边精神食粮

♪ 《海边旅馆一夜》
Schoolgirl byebye

📖 《午后曳航》
[日] 三岛由纪夫

05

小墨与阿猴

牵手旅行10年的摄影师情侣。

○ **推荐目的地**

澳大利亚·昆士兰州大堡礁

○ **推荐理由**

2024年底，我们去了一直向往的澳大利亚昆士兰州大堡礁。第一次听说"大堡礁"这三个字还是在《地理》课本上，当真正来到地球另一边，坐着直升机俯瞰这片自然奇迹时，我们发现关于它的所有想象都不及它呈现在眼前的样子。前往大堡礁有多种方式，我们选择住在圣灵群岛的汉密尔顿岛上，每天以这里为起点解锁新体验。在短短四天的时间里，我们在岛上看到了闲逛的袋鼠、打瞌睡的考拉，还有总爱飞到阳台和客人争食的白色海鸟。岛上的生活节奏很慢，每条路的尽头都通向大海。置身其中仿佛被一个蓝色的、发光的、温暖的夏日包围着，充满了度假的惬意感。想出海浮潜或进行其他水上活动时，岛上设施也一应俱全。千万别错过天堂白沙滩之旅，那里的沙子又白又松软。

○ **推荐来这里体验……**

坐直升机或固定翼飞机俯瞰心形礁。

○ **推荐来这里吃……**

汉密尔顿岛帆船码头附近的一家炸鱼薯条店，新鲜的海鱼过油后，酥脆多汁！

我的海边精神食粮

♪ 《第一天》
孙燕姿

▶ 《练习曲》
陈怀恩

▶ 《海街日记》
[日] 是枝裕和

216

06

井越

出生在世界上离海最远的城市（乌鲁木齐）的Vlogger（视频博主）。

○ **推荐目的地**

马尔代夫

○ **推荐理由**

马尔代夫的海水条件全球闻名，从马累乘坐极具电影感的水上飞机前往岛屿入住后，我才意识到这里作为海岛度假胜地确实名不虚传。这里的海水颜色有一种"深度敏感"的状态：浅海处经常形成一片调色盘似的复杂且透亮的蓝绿色，随着水深增加，又呈现出不同的色阶，让人赏心悦目。这里大部分中高档酒店的房间是直接建在浅海上的，穿戴好简单的浮潜装备后可以直接从房间跃入海中（为了安全还是慢慢走入吧）观赏海洋动物。走在栈道上也经常能看到海龟、小鲨鱼或是蝠鲼在脚下游过，这种偶遇的惊喜感是无法在水族馆体会到的。

○ **推荐来这里体验……**

浮潜、坐游艇追海豚。

只要是晴天，这里几乎随处都适合浮潜。我去的当天不巧遇到了大暴雨，但依然选择了下水。阴天的海水能见度虽不高，但在海中一边漂荡一边体会瓢泼大雨和风浪，也别有一番滋味。追逐海豚的行程也很美好，海豚会故意和船比赛，它们游速超快，还会在船首不远的地方翻腾跳跃，总之很有表现欲，如果海豚有手的话，估计会比博主们更热衷于自拍。

○ **推荐来这里吃……**

任意做法的海鲜，尤其是龙虾和章鱼。

我的海边精神食粮

▶《遗传厄运》
[美] 阿里·艾斯特
《海边生活够惬意了，适合看点刺激的》

217

about 编辑部推荐

书影音里的海洋时间

书 Book

1 《人类的海岸：一部历史》

作者　[美] 约翰·R.吉利斯

生活在海边的古人类如何经由海岸向全世界迁徙？历史上各大海洋文明都经过了怎样的兴衰历程？这是一本讲述过去10万年来世界海洋文明发展的著作，由美国罗格斯大学历史学荣休教授约翰·R.吉利斯所著。书中从古老的非洲海岸直至今日的城市海滩，再现了人类海岸的历史，也揭示了海洋对沿岸文明的深远影响。去看海之前，不妨先了解一些关于海岸文明的背景。

2 《虹》

作者　[日] 吉本芭娜娜

这是日本作家吉本芭娜娜的一部特别之作，灵感来源于她在大溪地波拉波拉岛的一次旅行。书中的故事场景就设定在大溪地，带着浓郁的热带海洋气息，故事本身也简单而治愈：独自旅行的主人公带着回忆出发，在海边寻找到宁静的幸福。"要在这个世界上生存下去，就要淡泊地工作，去掉浮夸之心，不卷入是非，脚踏实地地向前走，从大自然中获得力量，每天幸福地生活，记住那些快乐的回忆……"

3 《海浪》

作者　[英] 弗吉尼亚·伍尔夫

《海浪》是20世纪英国著名女作家弗吉尼亚·伍尔夫的代表作之一。这本书并没有传统意义上的故事情节，而是用高度抽象化的诗意语言谱写而成的一首"实验音乐"。作品由9个章节组成，每一章的引子均以潮汐的涨落暗喻生命的兴衰沉浮；每段引子后面，则是6个人物分别在不同人生阶段的内心独白，从儿童时代到老年时代，代表了人的一生。这是一本适合大声念出来的书，读者能够在词句的音律之间，感受海浪般恢宏的命运秩序。

编辑／周依

4 《海面之下》

作者　　　[美] 托马斯·M. 尼森

海面之下，生活着绚丽而奇特的海洋生物，它们有趣而神秘的生活方式总是吸引着人类。这本书是一本科学绘画涂色图鉴，由美国旧金山州立大学的海洋生物学副教授托马斯·M. 尼森联合畅销书作者温·卡皮特推出。全书介绍了 18 大类 450 余种海洋动植物的生境、习性等信息。快拿起画笔，在解压的涂色活动中摄入海洋生物学知识吧。

5 "地中海史诗三部曲"

作者　　　[英] 罗杰·克劳利

英国历史学家罗杰·克劳利关于地中海历史的 3 部著作的合集，它们分别是《1453：君士坦丁堡之战》《海洋帝国：地中海大决战》和《财富之城：威尼斯海洋霸权》。书中讲述了拜占庭帝国、奥斯曼土耳其帝国以及西班牙信仰天主教的哈布斯堡王朝等不同文明和帝国，为了领土、宗教信仰和贸易控制而竞争的历史。读完这套书，对迷人又复杂的地中海文明有了更深入的了解后，再去地中海周边度假时，相信会对那片海岸有不同的感受。

6 《吃海记》

作者　　　[中] 朱家麟

丰饶的大海孕育了千百种人间况味，蜿蜒的海岸线上，靠海吃海的智慧代代相传。自幼长于海边、有 60 余年吃海经验的老饕朱家麟，以 28 种独具风味的海产为代表，勾勒出一段活色生香的鲜味之旅。这本书对我国南海海域的常见海产进行了科普，从辨识海产到烹饪心法，从海洋博物到渔家生活，讲述我国独特的海洋生物从海洋到餐桌的故事。

影 Movie

1 《碧海蓝天》(The Big Blue)

导演　　　[法] 吕克·贝松
上映时间　1988

法国著名导演吕克·贝松的经典作品，讲述了在希腊海边长大的主人公在经历亲友葬身大海后，仍然为海洋所吸引，最终投入大海怀抱的故事。在这部深蓝色调的电影中，海浪起伏的声响伴随着海豚的叫声，为我们构建了一个海底般孤独而自由的影像世界。这部电影适合在雨天关上窗安静欣赏，那抹蓝色也将深深映入每一位观众的脑海中。

2 《泳者之心》(Young Woman and the Sea)

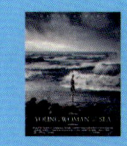

导演　　　[挪威] 约阿希姆·伦宁
上映时间　2024

这部影片改编自历史上首位横渡英吉利海峡的女泳者格特鲁德·埃德尔的真实经历。在 20 世纪 20 年代，女性被认为"天生不适合运动"，她打破当时的社会偏见，以 14 小时 31 分钟完成了横渡 34 公里英吉利海峡的挑战，这个成绩比此前男性泳者的纪录快了两小时。电影以平实而层层递进的叙事手法，呈现出纪录片般的真实质感，却在平淡之下暗流汹涌、鼓舞人心。

3 《宁静咖啡馆之歌》(The Furthest End Awaits)

导演　　　[中国台湾] 姜秀琼
上映时间　2014

从小喜爱咖啡、长大后成为咖啡豆烘焙师的主人公岬，在父亲不告而别后，返回故乡能登半岛开了一家海边的小木屋咖啡店。在那里，她和两个当地的"留守"小孩之间发生了一系列故事，并渐渐成为孩子们的照顾者。这部电影带着标志性的日式清新风格，以娓娓道来的叙事节奏，将这座海边咖啡小屋里的生活场景逐一展开。人与人之间的温暖，就被记录在轻轻拍打海岸的浪花之间。

4 《拥抱大海》(Alamar)

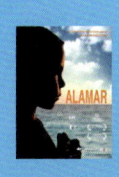

导演　　　[比利时] 佩德罗·冈萨雷斯·卢比奥
上映时间　2009

这是一部温情的纪录片，讲述了一个简单却动人的故事：和母亲生活在意大利的小男孩来到墨西哥的一个渔村，同爸爸和爷爷度过了一段短暂的时光。朴素的渔猎生活实则拥有最纯粹的幸福，也提醒着生活在现代社会中的我们，自然的生命力需要赤着脚亲身去感受。

5 《夏威夷男孩》（*Honokaa Boy*）

导演　　　　[日]真田敦
上映时间　　2009

大海不仅象征着自由，也常常与成长有关，这部影片就讲述了一个关于成长的故事。电影改编自吉田玲雄的同名随笔故事书，以作者的亲身经历写就：主人公和女友来到夏威夷岛旅行时，在一个小镇上遇到了一家老式影院，后来他来到这家影院工作，和当地人之间发生了一系列故事。影片情节舒缓，画面也赏心悦目，让夏威夷的海风吹进了观众的心里。

音 Music

1 《大海的乐章 VOL.1 我听到海的心跳》

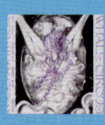

类型　　　　纯音乐
歌手　　　　鲸鱼马戏团
发行时间　　2024

这张专辑是鲸鱼马戏团"寻声大航海"项目的第一个作品，与其以往的作品一样使用了大量自然原声采样。专辑通过精心制作，用声音讲述了一个完整的故事，更使用全景声技术构建出一个听觉世界。推荐按照顺序听完专辑中的每一首歌曲，也可以随机播放，感受自由探索的乐趣，关键是静下来，用心听。如作者所说："真正的叙事是声音，而音乐，是心中的情感流动。"

2 《德彪西：夜曲；第一狂想曲；游戏；大海》
（*Debussy: Nocturnes; Première Rhapsodie; Jeux; La Mer*）

类型　　　　古典
作曲　　　　[法]阿希尔-克洛德·德彪西
演奏者　　　皮埃尔·布莱兹/克里夫兰管弦乐团
发行时间　　1995

由法国音乐家皮埃尔·布莱兹指挥演奏的德彪西名作合集，其中收录了《大海》最经典的版本之一。专辑的全部曲目都带有德彪西作品的印象主义特征，结构自由、和弦奇异，营造出午夜大海般静穆又暗流涌动的氛围，适合在下雨的晚上安静欣赏。

3 《雷鬼之夜：西印度群岛船员和客人们》
（*Reggae Night: West Indies Crew and Guests*）

类型　　　　雷鬼
歌手　　　　[牙买加]鲍勃·马利 等
发行时间　　2024

一张带着浓郁热带风情的专辑，收录了"雷鬼教父"鲍勃·马利等牙买加知名音乐人的经典作品。松散的节拍与强烈的动感展现了雷鬼乐鲜明的舞曲风格，令人仿佛置身海滩，将所有烦恼都忘却，只需要沉浸于音乐中，在棕榈树下纵情舞蹈、狂欢。

4 《给你的今天来点音乐》
（*Add Some Music To Your Day*）

类型　　　　流行
歌手　　　　[日]山下达郎
发行时间　　1972

日本知名音乐人山下达郎的代表作之一，整张专辑带着轻盈欢快的色彩，尤其是那首《你的夏日梦境》（*Your Summer Dream*）。当山下慵懒的嗓音伴着轻柔的吉他声响起，听音乐的人也好像在夏天的海风里摇摇晃晃，做了一场悠闲好梦。

5 《地形海洋学的传说》
（*Tales From Topographic Oceans*）

类型　　　　摇滚
歌手　　　　[英]Yes
发行时间　　1973

这是一张经典的前卫摇滚专辑，单曲时长最长达到了22分钟，精湛的器乐演奏与意识流风格的歌词，将专辑的神秘感体现到极致。听感如同回到史前文明时期，站在陆地边缘，面对海洋发出人类最初的声音。

aboüt 购买渠道

北京
北京图书大厦
中关村图书大厦
言 YAN BOOKS
方所
中信书店　　启皓店
单向空间　　檀谷店
　　　　　　郎园 Station 店
PAGEONE　　北京坊店
　　　　　　三里屯店
　　　　　　五道口店
钟书阁　　　麒麟新天地店
　　　　　　融科店
西西弗书店　蓝色港湾店
　　　　　　来福士店
　　　　　　龙湖长楹天街店
　　　　　　国贸商城店
　　　　　　国瑞购物中心店
　　　　　　凯德晶品购物中心店
　　　　　　望京凯德 MALL 店
　　　　　　西直门凯德 MALL 店
　　　　　　颐堤港店

深圳
友谊书城
茑屋书店　　上沙中洲湾店
钟书阁　　　欢乐港湾店
深圳书城　　罗湖城店
　　　　　　南山城店
　　　　　　中心城店
中信书店　　宝安机场 T3 店
前檐书店

杭州
庆春路购书中心
茑屋书店　　天目里店
博库书城　　文二店
外文书店
单向空间　　良渚大谷仓店
　　　　　　乐堤港店

宁波
宁波书城

成都
文轩 BOOKS
DOOGHOOD 野狗商店
皿口一人
茑屋书店　　仁恒置地广场店
钟书阁　　　融创茂店
　　　　　　银泰中心 in99 店

上海
上海书城　　福州路店
朵云书院
博库书城　　环线广场店
香蕉鱼书店　红宝石路店
　　　　　　M50 店
钟书阁　　　绿地缤纷城店
　　　　　　松江泰晤士小镇店
中信书店　　仲盛店
　　　　　　长阳创谷店
茑屋书店　　MOHO 店
　　　　　　前滩太古里店
　　　　　　上生新所店
西西弗书店　北外滩来福士广场店
　　　　　　宝杨路宝龙广场店
　　　　　　长风大悦城店
　　　　　　复地活力城店
　　　　　　华润时代广场店
　　　　　　虹口龙之梦店
　　　　　　晶耀前滩店
　　　　　　金桥国际店
　　　　　　凯德晶萃广场店
　　　　　　闵行龙湖天街店
　　　　　　南翔印象城 MEGA 店
　　　　　　浦东嘉里城店
　　　　　　七宝万科广场店
　　　　　　瑞虹天地太阳宫店
　　　　　　上海大悦城店
　　　　　　松江印象城店
　　　　　　世茂广场店
　　　　　　万象城吴中路店
　　　　　　新达汇·三林店
　　　　　　月星环球港店
　　　　　　中信泰富万达广场嘉定新城店
　　　　　　正大广场店

南京
先锋书店
凤凰国际书城
新华书店　　新街口旗舰店

广州
方所
脏像素书店
钟书阁　　　永庆坊店

佛山
先行图书　　垂虹路店
　　　　　　环宇店
钟书阁　　　A32 店
单向空间　　顺德 ALSO 店

图书在版编目（CIP）数据

海的引力：悠长的海岸之旅 / 小红书编. -- 北京：中信出版社，2025.7. -- (about关于). -- ISBN 978-7-5217-7873-1

Ⅰ. P737.1-49

中国国家版本馆CIP数据核字第 2025MT3906 号

海的引力：悠长的海岸之旅（"about关于"系列丛书）
编者： 小红书
出版发行：中信出版集团股份有限公司
（北京市朝阳区东三环北路 27 号嘉铭中心 邮编 100020）
承印者： 北京雅昌艺术印刷有限公司

开本：787mm×1092mm 1/16　　印张：14　　字数：259 千字
版次：2025 年 7 月第 1 版　　印次：2025 年 7 月第 1 次印刷
书号：ISBN 978-7-5217-7873-1　　审图号：GS京（2025）0933 号
定价：88.00 元

图书策划　24 小时工作室
总 策 划　曹萌瑶
策划编辑　蒲晓天
责任编辑　王　玲
营销编辑　任俊颖　李　慧　张牧苑

版权所有·侵权必究
如有印刷、装订问题，本公司负责调换。
服务热线：400-600-8099
投稿邮箱：author@citicpub.com

东莞
新华书店　　市民中心店
竟书店　　　国贸城店

厦门
外图厦门书城

合肥
安徽图书城

西安
方所
曲江书城

重庆
钟书阁　　　中迪广场店
新华书店　　沙坪坝书城店
不一定宇宙

沈阳
中信书店　　K11 店

天津
茑屋书店　　仁恒伊势丹店

台州
STORY 书店

苏州
诚品书店
新华书店　　凤凰广场店

济南
山东书城
新华书店　　泉城路店

太原
新华南宫书店

兰州
西北书城

呼和浩特
新华书店　　中山路店

乌鲁木齐
新华国际图书城

海口
二手时间书店

长沙
不吝书店
乐之书店
德思勤 24 小时书店

郑州
中原图书大厦
郑州购书中心
DOOGHOOD 野狗商店

南昌
钟书阁　　　红谷滩区时代广场店

青岛
方所
青岛书城
茑屋书店　　海天 MALL 店

烟台
钟书阁　　　朝阳街店

大连
中信书店　　和平广场店

昆明
昆明书城
世界书局
璞玉书店

温州
温州书城

武汉
武汉中心书城
外文书店
无艺术书店

线上购买
- 小红书
- 淘宝
- 天猫
- 当当
- 京东

🔍 about 关于